日本新建築
SHINKENCHIKU JAPAN 中

（日语版第 90 卷 6 号，2015 年 5 月号）

大型建筑与生态设计

日本株式会社新建筑社　编

主办单位：大连理工大学出版社
主　　编：范　悦（中）　四方裕（日）

编委会成员：
（按姓氏笔画排序）
中方编委：王　昀　吴耀东　陆　伟
　　　　　茅晓东　钱　强　黄居正
　　　　　魏立志
国际编委：吉田贤次（日）

出 版 人：金英伟
统　　筹：苗慧珠
责任编辑：邱　丰
封面设计：洪　烘
责任校对：寇思雨　李　敏

印　　刷：深圳市福威智印刷有限公司
出版发行：大连理工大学出版社
地　　址：辽宁省大连市高新技术产
　　　　　业园区软件园路 80 号
邮　　编：116023
编辑部电话：86–411–84709075
编辑部传真：86–411–84709035
发行部电话：86–411–84708842
发行部传真：86–411–84701466
邮购部电话：86–411–84708943
网　　址：www.dutp.cn

定　　价：人民币 98.00 元

丰岛"生态博物城"办公大厦

南池袋区二町A地区市区再开发项目

外观设计（部分室内设计） 隈研吾建筑都市设计事务所
设计·监管 日本设计
景观设计 landscape–plus
施工 大成建设

所在地 东京都丰岛区
TOSHIMA ECOMUSEE TOWN
architects: KENGO KUMA&ASSOCIATES NIHON SEKKEI LANDSCAPE PLUS

大树般的建筑与城市紧密相连

整个大厦就犹如一棵大树，这正是我们的一个设计理念：首先说深扎于大地的根，丰岛区政府办公区便是这个稳固的根，这里可以为居民提供各种服务。而树干的部分是上面的住宅区，高耸入云的设计方式别具一格。这也催生出了"政府办公+居民生活"这种新的建筑组合方式。这一组合方式预计今后将会改变政府建筑的惯有格局。然后说繁茂的枝叶，这一部分由"生态面纱"来充当。所谓的"生态面纱"由多种平板（光伏电池板、绿色植被平板、再生木质百叶窗、玻璃板等）构成。

枝叶（"生态面纱"）调适着整个大厦的环境，就好像通过光合作用给树木以生命的滋养一样，守护着这棵屹立在城市中的"大树"。这个犹如参天大树般的建筑赋予了这座城市无限生机。

另一个设计理念是要超越20世纪高层建筑设计的固有模式——台基+塔楼。此次设计用"生态面纱"将低层部分巧妙覆盖，使街道与上面的住宅区自然结合。这棵"大树"展现了池袋这个充满着人文和自由精神的东京新文化中心的风貌。能够将烦琐而复杂的事物自然而紧密地连接，这一向是池袋独有的魅力。

在"生态面纱"与区政府办公区之间，隐藏着一个被称作"丰岛森林"的垂直庭园。庭园中再现了这里原有的"里山式"（里山：日本琵琶湖的周边村落，远离城市烦嚣，散发着日本最淳朴的乡村风情）自然风景，还有小河潺潺流淌。无论是区政府还是丰岛森林都面向居民开放，居民可以在林间自由漫步。这座丰岛"生态博物城"办公大厦可谓是"与城市相连、与自然相连、与历史相连"的新型公共建筑。

（隈研吾）

南池袋区二町A地区市区再开发项目

规划地位于东京都副中心——池袋的东南方向大约600 m处。这里虽然没有繁华街道的气氛，但交通便利，是密集的住宅区，对此地的开发始于途经此地的城市规划道路正式开通之后。在规划之初，由于因学校合并而荒废的日出小学的校舍旧址还在，考虑到校舍旧址易发生危险，自然而然地萌生了以这里为中心进行再开发的想法。也就是在这时，受到协调机构——首都圈防燃建筑公司的委托，日本设计开始加入到这个开发项目中来。我们就如何重新恢复社区的活力和今后的可持续发展问题做了深入探讨，最后为了尊重丰岛区和一般土地所有者的权利，我们决定尽量使商务区和住宅区的面积各占一半，并在2006年成立了再开发准备小组。

像这种建筑功能分明的情况，一般的设计方案会选择突出住宅的独立性，建成两栋楼。但是我们没有采用这种方案，而是将两种功能结合于同一栋大厦。这样一来，在低层部分用于开展业务的空间也相应变得更加广阔，使丰岛区政府搬迁成为可能。这个设计不仅使再开发项目大获成功，而且为东京都中心——池袋打造了新的中心，使人们更加方便流连于商业街和各种店铺之间。同时，提高了地区的商业价值，推动了相邻建筑密集地区的重建。

采用一栋化设计也需要面临诸多问题，首先大厦会变成所有权分离的建筑物，更重要的是需要面对能否就建设达成协议的问题。与其浪费时间寻找答案，还不如选择将"空间"与"时间"留与后人，让他们充分发挥自己的智慧去解决这一问题。所谓"空间"指的是一个可供大家进行讨论的开放场所。它位于大厦1层中心部的挑空部位，并与街道相通，是一个充分体现地区特色并可以用来举行各种庆典的空间，我们称之为"生态空间"。而所谓"时间"指的是尽可能延长建筑的物理性和社会性生命。对此，一般的做法是仅仅将内部装饰与建筑物骨架

分离，但我们采取的做法是将外部装饰也与建筑物骨架分离。大厦骨架所用材料为强度高达140N，使用寿命较长的预制混凝土，至于外观我们并没有根据骨架去调整它的形态，而是采用了具有遮阳和墙壁绿化功能的"生态面纱"这一设计方式。

低层部分采用了阶梯状的设计。在最外层的"生态面纱"和建筑物主体之间存在一个半外部空间，空间的南面形成了一个大小适中、布局合理的三层屋顶广场。我们将以上这些结构都做了绿化处理，并通过外部台阶将它们连接在一起，使其成为一个开放的绿色空间，我们称之为"生态博物馆"。这座办公大厦——"生态博物城"也由此得名。

（黑木正郎/日本设计）
（翻译：高思阳）

拍摄场地位于东京新宿一带的"环状5-1号线"一侧的原高级住宅区。高层综合住宅楼上面是综合住宅的低层部分是新宿区公园,图中两侧的花树木

贯穿1层到10层的"生态空间"。在中庭上部装有可自动开关的智能窗户，可以加快室内上升气流与外部空气的循环。因此，在这个工作场所能享受到清新的空气。1层部分与丰岛中心广场相连，实现了一体化应用

天窗透过来的光照射着整个生态空间。天窗上放置了许
多下垂性植物，用来监测室内的气流和热度等环境因素。
百叶窗采用的是在铝挤压材上贴付特制装饰壁纸的设计
方式

位于3层的区政府服务台区

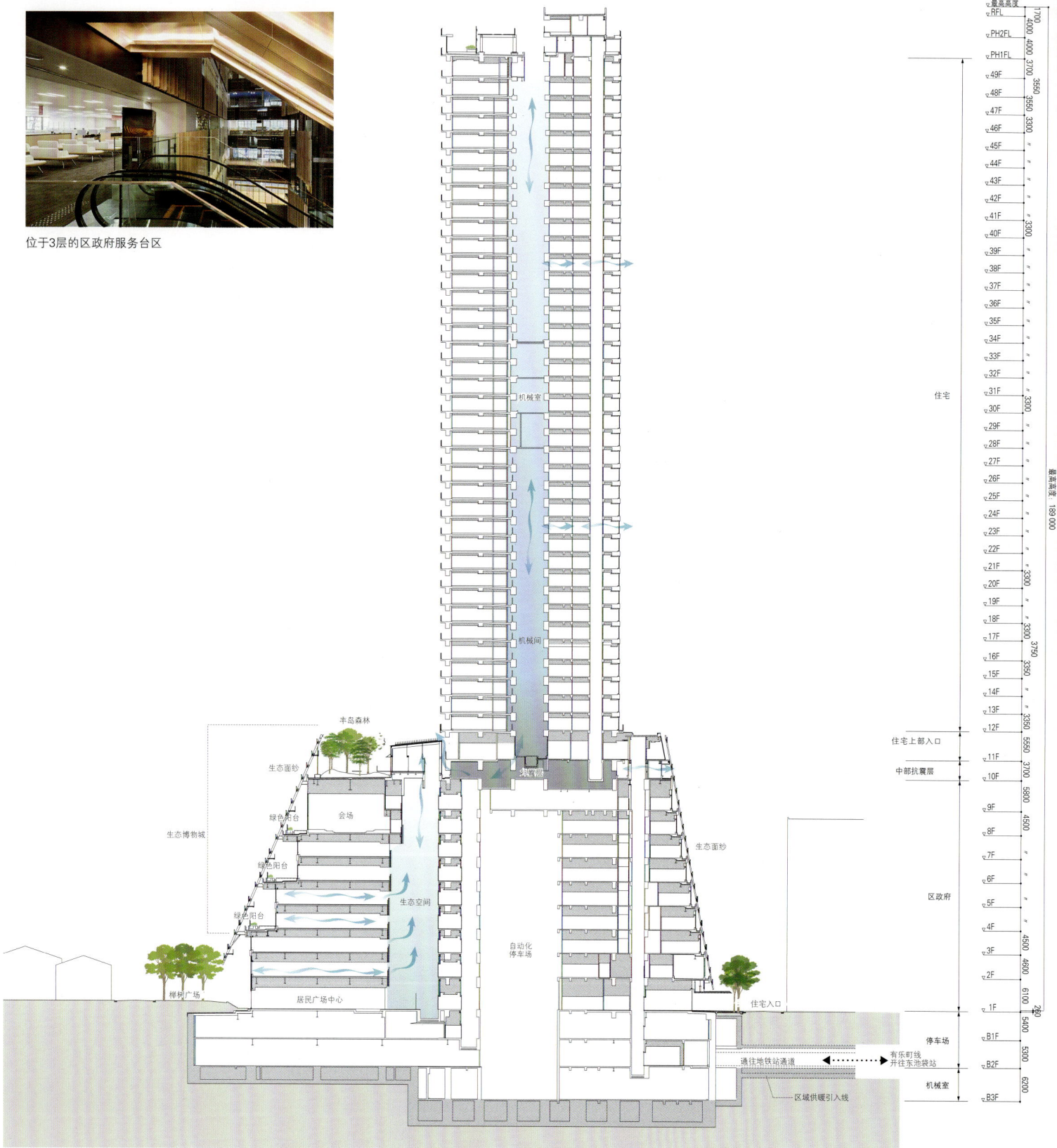

右侧标尺（从下到上）：
机械室 B3F 6200
B2F 5300
停车场 B1F 5400
1F 260 6100
2F 4600
区政府 3F 4500
4F 4500
5F 4500
6F
7F
8F
9F 4500
中部抗震层 10F 3700
住宅上部入口 11F 5550
12F 3350
13F
14F 3350
15F 3350
16F
17F 3750
18F
19F 3300
20F
21F 3300
22F
23F
24F
25F
26F 3300
27F
28F
29F
30F
31F 3300
32F
33F
34F
35F
36F
37F
38F
39F
40F 3300
41F
42F
43F
44F
45F
46F 3300
47F
48F 3550
49F 3550
PH1FL 3700
PH2FL 4000
RFL 700
最高高度

住宅（右侧纵标）
区政府
最高高度 189 000

剖面图标注：
丰岛森林
生态面纱
绿色阳台
会场
绿色阳台
生态博物城
绿色阳台
生态空间
机械室
机械间
抗震层
自动化停车场
生态面纱
榉树广场
居民广场中心
住宅入口
停车场
有乐町线 开往东池袋站
通往地铁站通道
区域供暖引入线

剖面图　比例尺1:1000

官民复合建筑

1层~2层是店铺和事务所。3层~9层为区政府办公区。从北侧的专用入口乘坐电梯便可以到达11层以上的住宅区。在地下2层，有新建成的联络通道直接与有乐町线东池袋站相连。10层抗震层中的设备旋转轴、纵向流线以及住宅用机械停车场等都集中在低层部分的中央。通过这样的设计，可以有效避免流线的交错混乱，实现各用途的分工独立，方便建筑物内各部分的管理。

（井水通明　小林英彦/日本设计）

会呼吸的区政府办公区

在生态空间上部天窗处的墙壁上，设置了多个可自动开闭的窗户。室内的暖空气从窗户排出，使中庭内部形成上升气流。这时，如果打开各层办公室的窗户，就可以呼吸到清新的空气。整个区政府部分都用太阳能这一自然能源进行"呼吸"，实现了将机器和办公人员产生的热量通过节能的方式排到外部这一环保设计理念。

（浦木拓也/日本设计）

分区管理

10层抗震层以上的11层到49层，有110户当地原有的住户。再开发项目成立之后，又新增了322户，首都圈防燃建筑公司和东京建筑公司取得了这批住宅的所有权，并把它们以"Brillia池袋"的名义分开出售。根据"东京推进城市美化进程的相关条例"，这批住宅主要是面向小家庭，为75 m²左右的户型。住宅、事务所、店铺等建筑物不同部分根据用途不同，分别由"全体""住宅""非住宅"这三个不同的部门进行分区管理。

（阿部芳文/日本设计）

位于8层南面的绿色阳台，在"生态面板"的内侧铺展开来。右侧玻璃一面是会议厅。在区政府工作时间，人们可以自由出入绿色阳台

右侧墙壁还充当了雨水管的作用，可为这里种植的植物提供水分。由于进行了墙面绿化，成被称作"绿色管道"。在旁边的楼梯上可以俯瞰整个8层空间

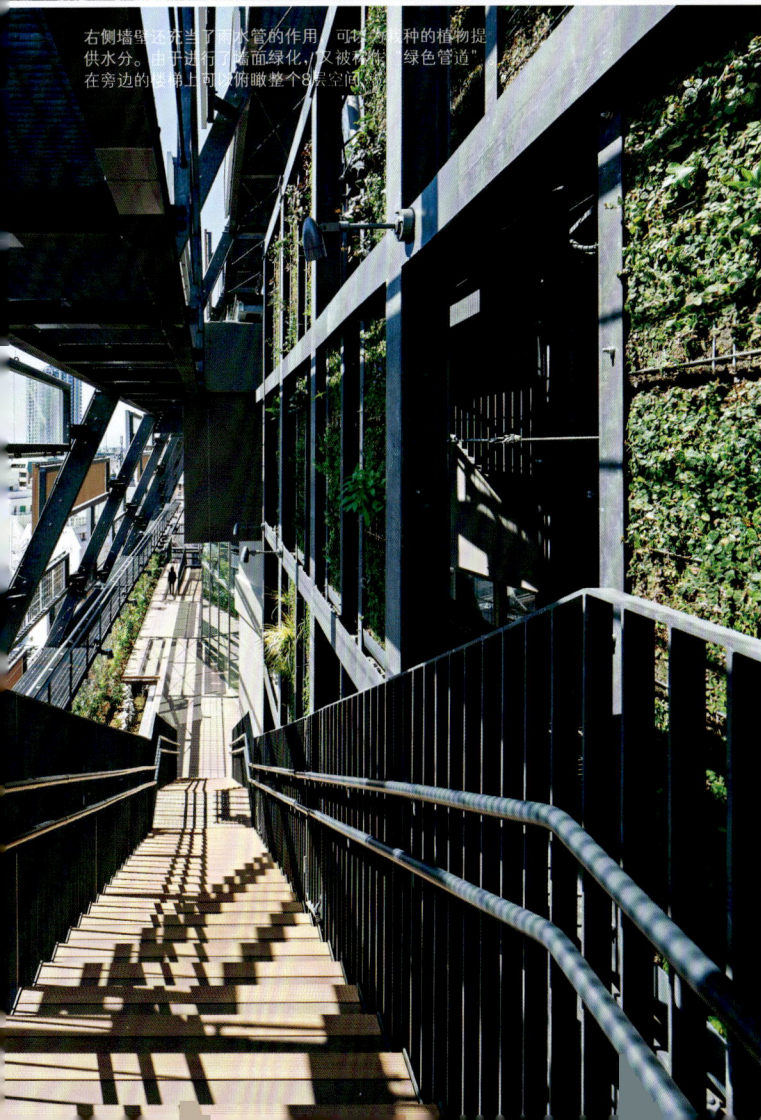

区政府办公室直接面向对居民开放的绿色阳台。为了实现自然通风换气，门窗部分采用了拉门式设计

位于1层的丰岛中心广场。如果将窗户和移动拉门全部打开，就会与南侧广场和生态空间实现一体化

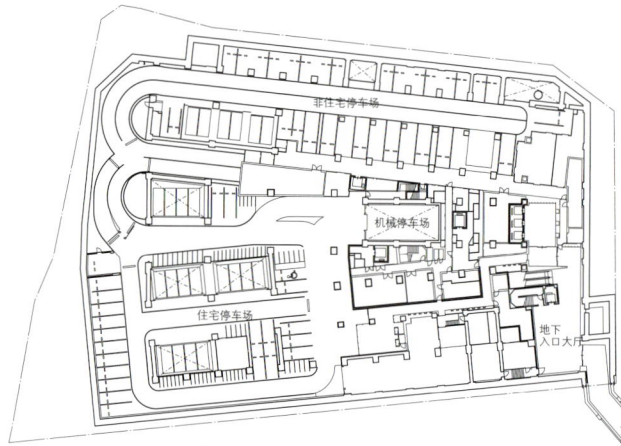

地下2层平面图　比例尺1:1500

2层通风处的地下通道入口大厅

1层平面图　比例尺 1:1000　　为了能够营造出全方位开放式的区政府，设置了多个入口。通过这种平面设计，人们可以很自然地来到整个空间的中心——生态空间

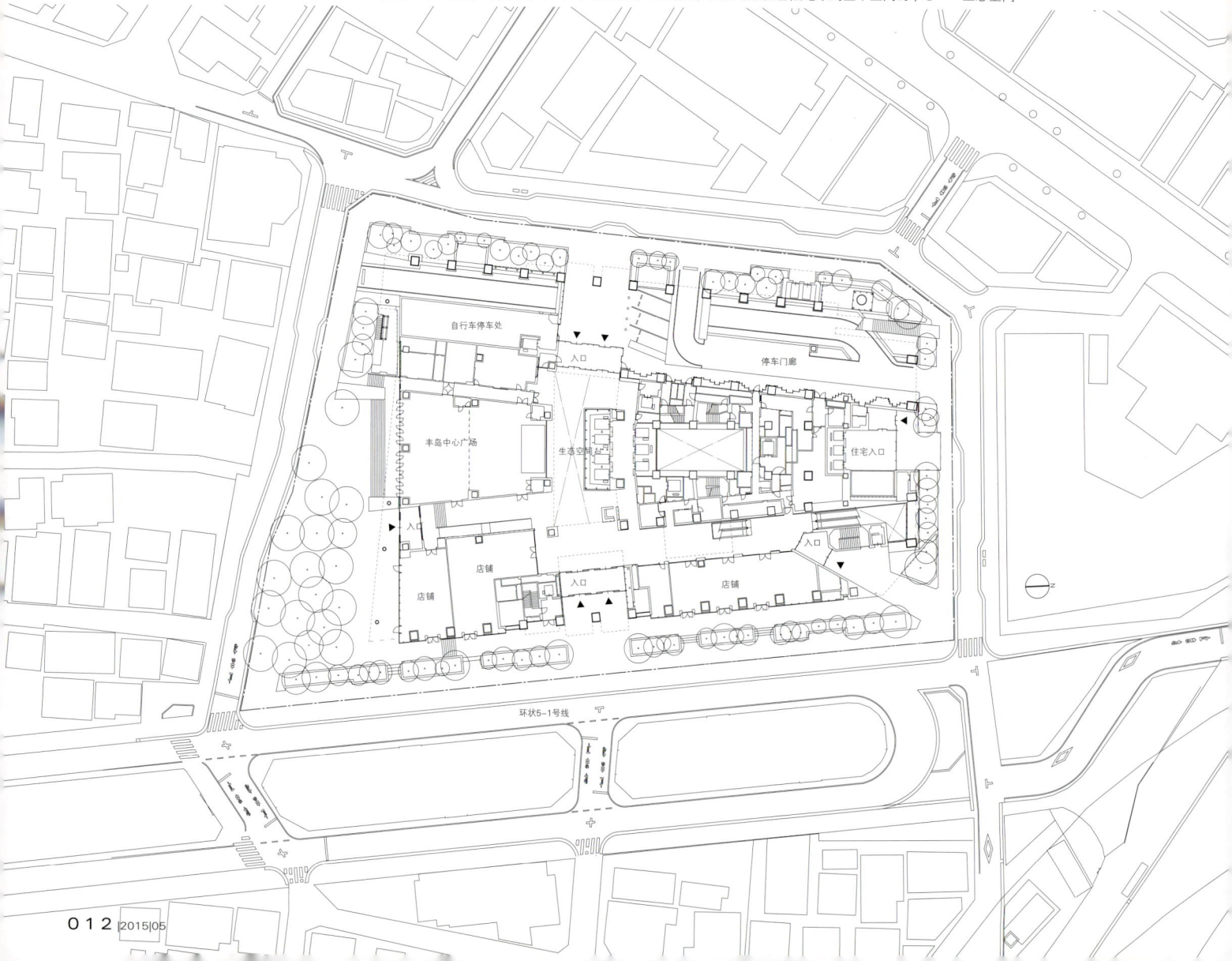

面向"生态博物馆"的会议室占据8层和9层两层空间,并设有大落地窗。整个会议室设计没有分层,在平面上呈椭圆形,在剖面上呈研钵状

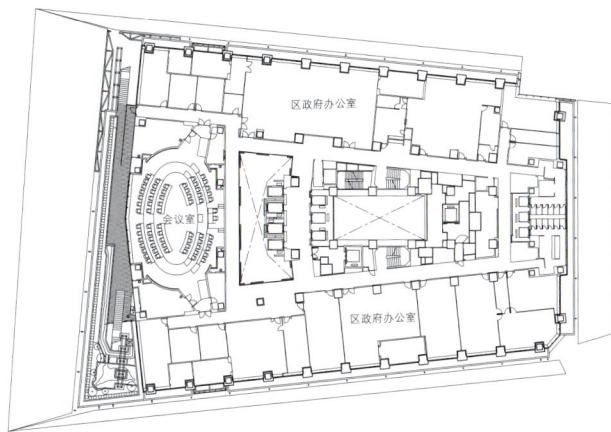

8层平面图　比例尺1:1200

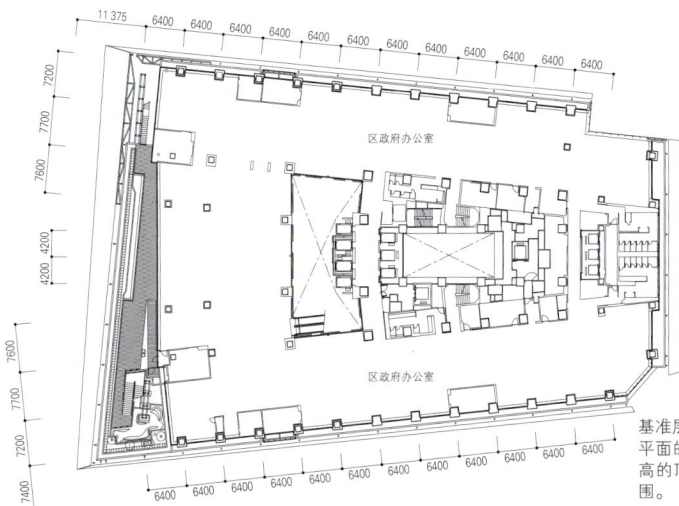

4层平面图　比例尺1:1200

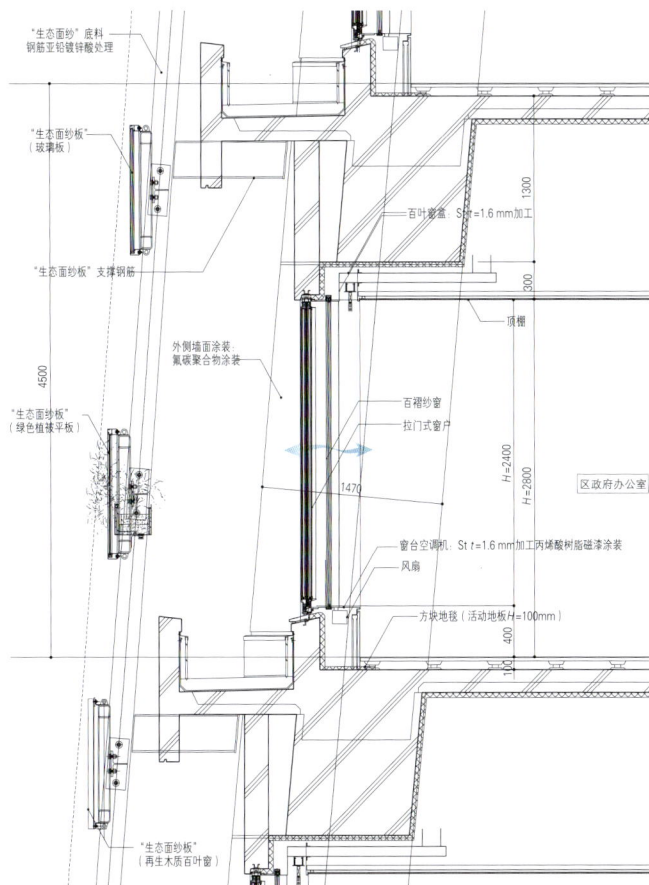

"生态面纱"底料
钢筋亚铅镀锌酸处理

"生态面纱板"
(玻璃板)

百叶窗盖　St＝1.6 mm加工

"生态面纱板"支撑钢筋

顶棚

外侧墙面涂装:
氟碳聚合物涂装

百褶纱窗

拉门式窗户

"生态面纱板"
(绿色植被平板)

窗台空调机: St t＝1.6 mm加工酸树脂磁漆涂装

风扇

方块地毯(活动地板H＝100mm)

区政府办公室

"生态面纱板"
(再生木质百叶窗)

区政府区域剖面详图
比例尺 1:60

基准层不但要实现区政府各部门职能、各个服务窗口功能的整合,还要实现平面的最大化(最大规模约为4000 m²)。而且,为了保证整个空间具备较高的顶棚高度,通过零排烟的方法最大限度地缩小了低高度顶棚的覆盖范围。(井水通明　浦木拓也/日本设计)

31层，只对楼内住户开放的公用休息室（东北侧）。在这里，可以将东京都的景色尽收眼底

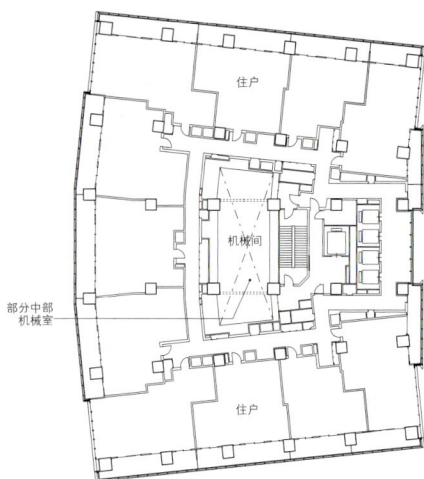

住宅基准层平面图　　比例尺1:800

部分中部
机械室

住宅层的平面设计

作为东京都中心的高级集合住宅，采用了室内走廊的设计。北面是光线良好并颇具开放性的电梯大厅，在这里可以一览小区的美丽景色。设备的旋转轴设置在外部通风处，通过这一设计，大大提高了基准层的有效利用率。这个通风处（机械间）有着多种作用：平时是室内走廊的换气装置；紧急情况时是避难室的供气装置；更新设备时，可以被用作临时预备间。

（松中末广/日本设计）

位于空中的开放式入口

大厦里的住户都是从1层乘坐电梯直接到达11层，然后再乘坐分层电梯到达自己的住所。视野良好的11层就是住宅区的入口。同时，在这里，服务台、收发室、休息室和接待室等公用场所一应俱全。内部设计也沿用了"生态面纱"的核心理念，营造出了处在大树般的建筑之中的温馨氛围。这里错落有致地摆放着水景和盆栽，休息室的约一半空间被设计为室外阳台，阳光、清风、绿植、潺潺水声，这里将尽享自然之美的设计理念体现得淋漓尽致。

（阿部芳文/日本设计）

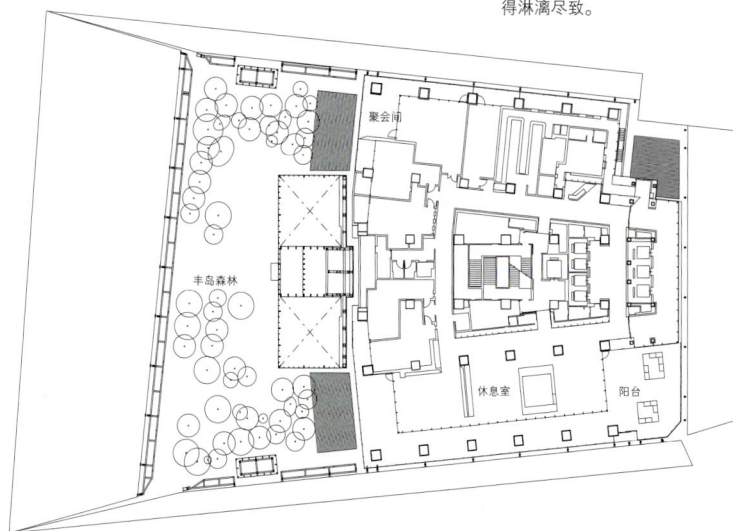

11层平面图　　比例尺1:1000

设计：外观设计（部分室内设计）监修：隈研吾建筑都市设计事务所
建筑·设备：日本设计
结构：日本设计·大成建设（协助设计与实施）
景观设计：landscape-plus
施工：大成建设
用地面积：8324.91 m²
建筑面积：5319.74 m²
使用面积：94 681.84 m²
层数：地下3层　地上49层　屋顶2层
结构：钢筋混凝土结构　部分为钢筋钢架混凝土结构
　　　中间层为抗震结构
工期：2012年2月~2015年3月
摄影：日本新建筑社摄影部
（项目说明详见第158页）

位于11层西南侧的聚会间，住户们可以租用。顶棚使用的材料是黑色SUS镜面板，可以反射出城市的街景、丰岛森林以及天空中明亮的光线。各具特色、错落相间的景色相互交融，一同呈现在房间之中。球形的玻璃吊灯将房间里纷乱的光线映射于天花板上，与室内景象相映生辉。这款吊灯由专注于雕花玻璃工艺的YAMAGIWA制作而成

颇具开放性的住宅空间。阳台上玻璃扶手的一部分采用了半透明的薄膜光伏电池板，以补充住宅区共用部分的电力

位于11层的接待室。由隈研吾建筑都市设计事务所负责室内设计监修

丰岛森林再现了小区原有的"里山式"景色和小河潺潺的美丽景象。这里有生长在武藏野的杂木林以及花草。同时在屋顶上种植了枹栎、麻栎等树木。在左边里侧还设有水槽,可供此处原有的各种鱼类繁衍生息。这里无处不彰显着丰岛区孜孜追求的核心理念——人与自然和谐相处

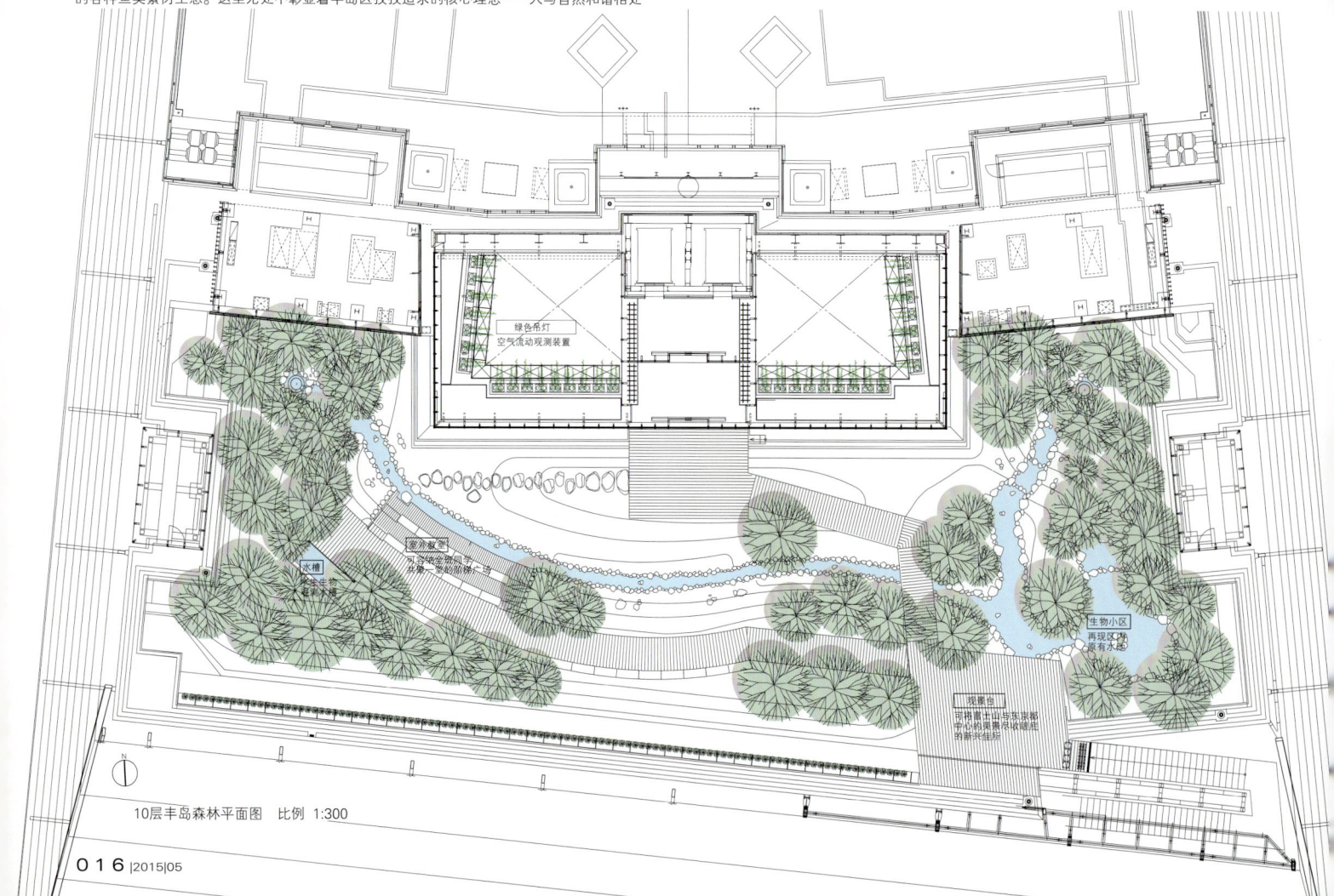

10层丰岛森林平面图　比例 1:300

大树孕育的"希望之苗"

在本次景观设计中，最重要的是要重现丰岛区的独特风景。在计划启动的2008年，丰岛区成为日本人口高密集型城市。同时，在这一年，世界人口的半数都涌入了城市。我们当时就想："如果此次包含区政府在内的再开发项目能够提供一个可以创造出新价值的循环型城市模型，那么此次规划也会给孩子们的未来带来一份希望吧。"

规划地位于拥有超大型车站的东京都副中心——池袋和依旧保留着神社森林的杂司谷区域的交接点上。在这片新旧混杂、多样化的土地上有着丰岛区丰富的地形结构，并且区内的海拔高度之差与区政府建筑的高低之差基本相同。我们着眼于以上两点，产生了这样的设计想法：让区政府建筑本身再生出丰岛特有的文化——自然，并让其直接参与到城市环境与地区社会可持续发展的建设进程中

来。其中，最重要的是让来到区政府办公楼的人能够亲身体验到低碳、舒适的工作环境以及与多种生物和谐共生的生活方式。这样，他们心中就会埋下渴望尝试这种工作和生活方式的种子，渐渐地这些人们共有的种子将被培育成一株株"环保之苗"。这些"小苗"会被人们带到各地，环保意识也会被带向更辽阔的领域。

基于这样的想法，我们在"生态博物馆"建造了丰岛森林这一传承了丰岛区独特风景的景观。我们计划将设计者希望通过这片森林传达的心声制成漫画《丰岛森林故事》，向肩负未来的孩子们讲述丰岛的故事。我们衷心希望那些来到丰岛森林的孩子们心中也能萌发出小小的却又蕴藏力量的"希望之苗"。

（平贺达也/ landscape-plus）

为孩子们准备的水槽。里面有部分短鳍、银鲫、麦穗鱼、褐栉鰕虎鱼、泥鳅等曾繁衍生息于丰岛区河流和水源地的鱼类

8层"生态博物馆"剖面图　比例尺1:60
"生态面纱"（外部装潢）+绿色阳台（内部骨架）的结构可以减轻高层建筑的热负荷

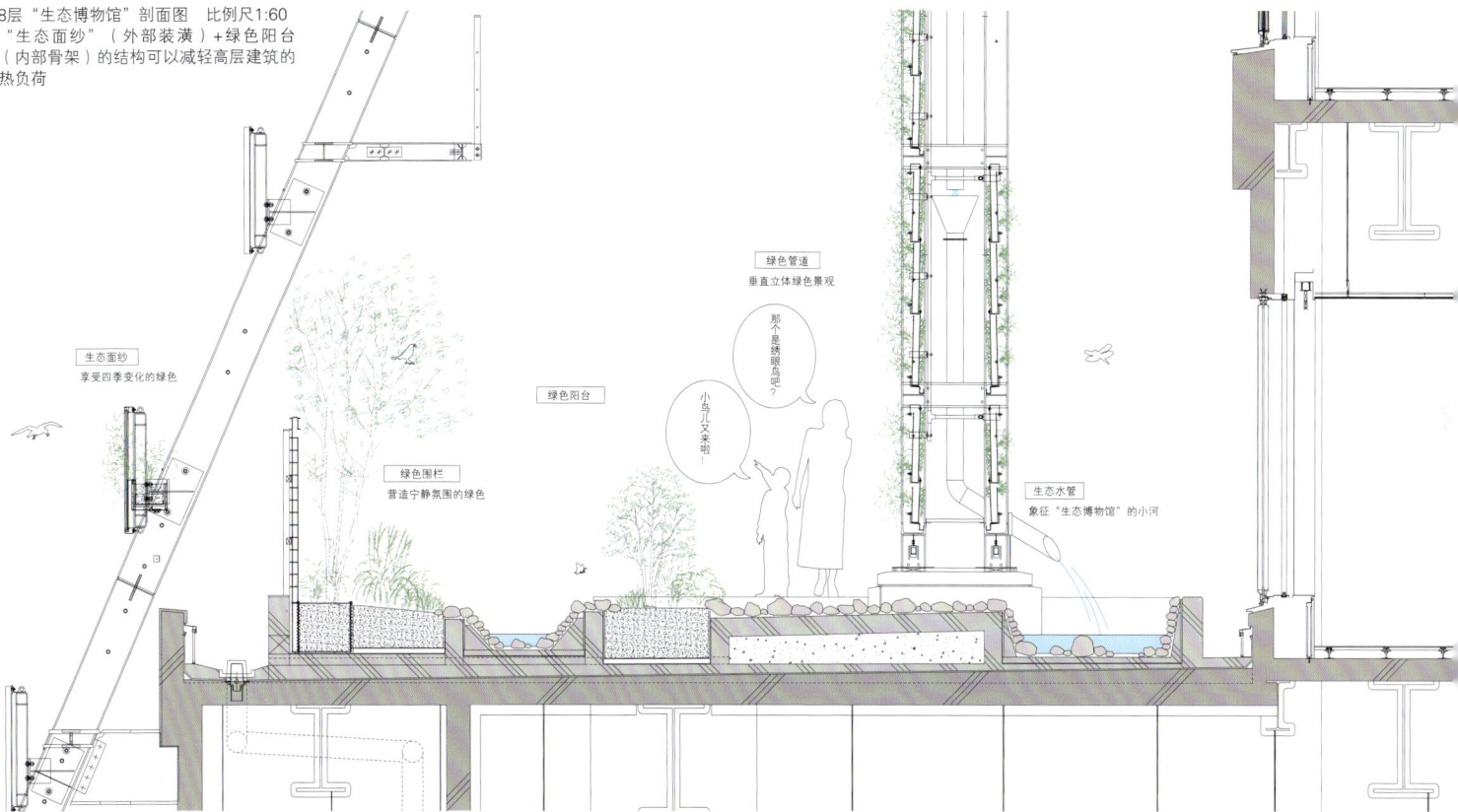

生态面纱
享受四季变化的绿色

绿色围栏
普通宁静氛围的绿色

绿色阳台

绿色管道
垂直立体绿色景观

那个是绿眼鸟吧？

小鸟儿又来啦！

生态水管
象征"生态博物馆"的小河

丰岛森林环境教育项目

在设计阶段，我们对区内的环境进行了调查，将需要重现的生态系统进行了指标化。在施工阶段成立了生物分科会，力求创造出适于各种生物繁衍生息的共生环境。然后，与区内的教育委员会就如何充分利用丰岛森林这一环保教育资源问题进行了深入探讨，最后决定成立以"充分享受四季之美"为理念的环境教育项目。为了向孩子们传达蕴含在丰岛森林之中的深刻寓意，设计者以丰岛区的人气吉祥物"娜娜"为主人公制作了宣传漫画，期待可以从软件和硬件两方面创造出卓越的条件，让孩子们心中的"希望之苗"发芽、成长。

（平贺达也）

丰岛区的地形结构

在地形结构之上勾画的未来图景

丰岛区位于洪积台地（由间歇性河流携来的大量松散物质到山前地带堆积下来而形成）的最东侧，由于河流的侵蚀，形成了拥有台地、低谷的极富变化的地形结构，并由此孕育了多样性的地区历史和文化。区政府办公楼所处的台地与神田川的海拔高度差和"生态博物馆"所处的10层与4层的高度差大致相同。区政府建筑不但再现了丰岛区的地形结构，也将高密集型城市所追求的未来图景呈现在居民眼前。

（平贺达也）

[高密集型城市的未来图景]

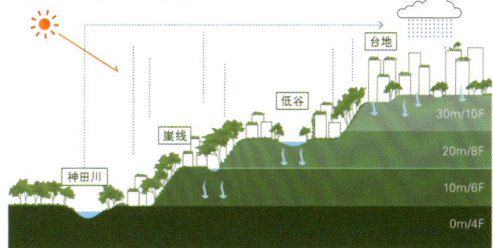

[描绘丰岛区未来图景的"生态博物馆"]

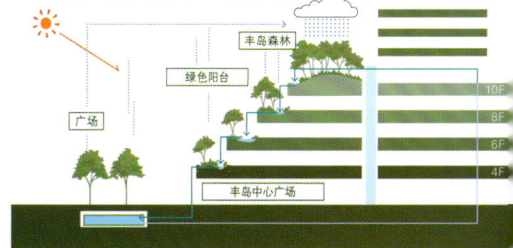

艺术性·文化性都市，以人为本的城市

高野之夫（丰岛区区长）

高野之夫（丰岛区区长）

丰岛区的意识改革与价值创造

我担任丰岛区区长已经17年了。在刚上任的时候（1999年），丰岛区的财政状况十分令人担忧。当时我就决定一切以重整财政为先，先后废除了12个设在外地的办事处，并大胆推行行政和财政改革。但是，这些举措受到了区内居民的指责。我感到如果不带着梦想和明确的目标去推进改革，是无法得到理解和支持的。深思熟虑后，我最终将目光投向丰岛区的文化，也就是要积极推进文化建设。提起文化，大家首先想到的应该是那些富有艺术性的文化吧。但是，我这里所指的文化却有所不同，我所说的文化存在于我们自身，是根深蒂固于人民生活和各种活动之中的价值观。我相信，这种文化将会衍生出独特的繁荣，即使没有办法物化它的存在，它也会成为人类赖以生存的根本。但是，当我提出要将文化建设与行政和财政改革一同推进时，受到了来自居民更强烈的反对。不少人说："预算都削减了，还谈什么文化！"说实在的，为了获得居民的理解，真的是用了很长时间。

当时，在丰岛区负责文化项目的政府工作人员（兼任国际事务）只有两名。由于丰岛区所追求的文化，不是强加于人的文化，而是植根于民的文化，因此我们首先要做的不是投入大量的资金，而是要共同思考文化的内涵，并且呼吁大家共同创造地区特色文化。此外，我们还竭力为居民描绘了通过文化的力量来提高地区价值的未来图景。刚开始的时候虽然没有得到大家的理解，但是我们利用有限的经费循序渐进地做出了一系列举措。首先，召集从事文化相关产业的工作人员，成立了文化商工部。如今，这个部门的员工人数已经达到了85人（2015年4月1日数据）。其次，成立了公益财团法人——丰岛未来文化财团，为居民提供了文化窗口。此外，还发布了《建设文化创造型城市宣言》（2005年），颁布了《丰岛区文化艺术振兴条例》（2006年）。这些年来我们积极进行各种尝试，终于取得了可喜可贺的成绩，并在2009年获得文化厅（文化艺术创造型城市部门）领导的表彰。

具体措施主要有如下几点：首先是充分利用丰岛区特有的文化资源，比如说位于池袋西口的池袋蒙帕纳斯（Montparnasse），这里曾聚集了众多有志于献身艺术事业的学生和画家，还比如手塚治虫等杰出漫画家曾居住过的常青墅等等。除此之外，不仅仅是艺术方面，在仍保留着武藏野自然风貌的杂司谷地区，也在我们的支持下开展了一系列旨在将地区的历史和文化传承给下一代的活动，这些均被列入日本教科文组织协会联盟的"Project未来遗产2014"项目之中。

2002年，正值丰岛区制度施行70周年，我们提出了建设"文化创造型城市"的口号，并于2012年80周年之际获得了"自主社区"的国际认证。借此机会，我们再一次提出要建设"使人安全、令人安心的创造型城市"的目标。如今的池袋，每天大约有260万人来访，被评选为日本关东地区理想居住地第三名（出自：房地产公司主办的"2014年理想居住地排行榜评选活动关东版"评选结果），在年轻人之中有着很高的人气。我想，这正是因为池袋给人这样一种印象——看似凌乱无序，实则包容一切，有着宽广的胸怀和无限的魅力。而我认为只有这样的城市才可以成为推动日本社会发展的力量，才有可能成为一座走向世界的国际型城市。

来自新政府大楼的声音

这次新建的政府办公楼，不仅仅是一座政府建筑物，还是"文化走出去"项目的核心内容。大厦1层的大厅和丰岛中心广场以及3层到9层的回廊状通道作为介绍丰岛区文化、历史和展示居民作品的场所对外开放。这样一来，新政府大楼又成了丰岛区美术馆、博物馆。此外，4层、6层、8层的绿色阳台以及10层的丰岛森林由外部台阶连接，居民可以来此参观、学习，享受独特的自然风光。这些场所从早9点到晚5点面向居民开放。我们将丰岛区美丽的自然风光也看作是一种文化，愿它自然而然地流淌到人们的心中。

这座政府大楼的另一个特征就是在上半部分有432户住宅。我认为一个地方之所以被称为城市是因为有人在这里居住。2014年，丰岛区被指定为东京23区中唯一一个"可能消失的城市"。因此，一方面，我们努力建设人们愿意来访的魅力城市，另一方面，如何才能让本地居民住得舒适，已成为一个迫在眉睫的问题。首先，在本次政府大楼的建设中，我们提出要做到零财政支出。为了不增加居民负担，我们对开发地区内原有的土地和建筑物采取"权利变换"（建筑地区内土地或建筑物的相关权利持有者将其权利等价地转换为新建建筑的使用权或所有权，是市区再开发项目的最大特色）的方式来筹集资金，不足的资金将会在区政府搬迁后，通过向居民定期租赁政府楼旧址来筹集。为了使这座城市重新恢复活力、为居民创造新的生活中心，我

们所采取的这一系列举措，不仅要在硬件方面有所保障，还要做到不给居民增加经济负担。如今，我们计划在政府楼旧址的公园周边呈环绕状建立7个剧院。我们期待着池袋站东口可以孕育出新的繁荣景象。

新的政府大楼，我们采用了隈研吾先生"一棵树"的设计方案。四面都设有大楼入口。要问我正门在哪里，我还真不知道该怎么回答。大厦建成之后，我们举办了为期6天的内部展览会，有超过15 000名的居民来此参观。负责接待的全部是政府工作人员，像这样政府工作人员与居民近距离接触的机会，我想对双方来说都是非常难得的。而且这样的机会对工作人员来说，也算得上是一种进修吧。也只有这种可以真切感受到自己与居民间的距离在缩小的接触方式，才是我们不断追求的城市建设理念吧。还有值得一提的是，在新的政府大楼里没有员工食堂，此处约1450名员工都是自备午餐或是去周围的餐饮店用餐。既然我们走出大楼就能为丰岛区带来新的生机，那么我们就不应该使用税收资金在大楼里用餐，而是应该以身作则地积极参与到城市建设中来。此外，由于池袋是一座"24小时城市"（金融、交通等城市服务24小时无休息持续运行的城市），新政府大楼自然也是周末无休，全年开放。随时欢迎大家的来访。

今后的城市建设——艺术性·文化性城市建设计划

伴随着政府大楼的建设、施工，现在的丰岛区开始了一系列致力于改变城市风貌的举措。比如说，从池袋站东口通向新政府大楼的这条绿色通道，我们委托沿路的商店开始试行露天咖啡馆。同时，我们也开始探讨修缮连接政府新楼和旧楼的南北路。在这方面，我认为重要的是要与居民一同探讨如何建设高品质的道路，以及如何建设好周边的广场和公园。在Sunshine City的后边是一个即将搬迁的印钞厂，我们也计划对其搬迁后的旧址进行再开发。此外，东池袋的四、五町区域是木质住宅集中的地区。为了提高此地区的安全性以及有效防止灾害的发生，我们在这里设立了"防火灾特区"。虽然政府新楼的建设和旧址的规划都是以池袋站东侧为中心展开的，但是我们现在正与民间企业一同探讨能否将池袋站西口区域的铁路和道路的建设与此同时进行，共同积极探索新的可能性。

尽管在城市的建设过程中，我们需要面对许多难题。但是，我依然相信一切举措都应与"文化"一词紧密相连。如今，我们充分发挥作为日本国家战略发展特区所能享有的宽松政策，在广场、公园以及街道等公共场所开展一系列与艺术文化相关的活动，致力于打造一座全球热爱文化的人们都能够欣然来访的城市。同时，为了给这座城市带来新的生机，我们正积极推进"艺术性·文化性城市建设

计划"。我们不只是要建设一个繁华多彩的城市，更是要建设一个人人都愿意自发而来、在这里安居乐业并可以成为主角的城市。这项计划虽然任重而道远，但我们仍满怀希望，一步一步地去实现这个美好愿景。

权利变换/项目计划概念图

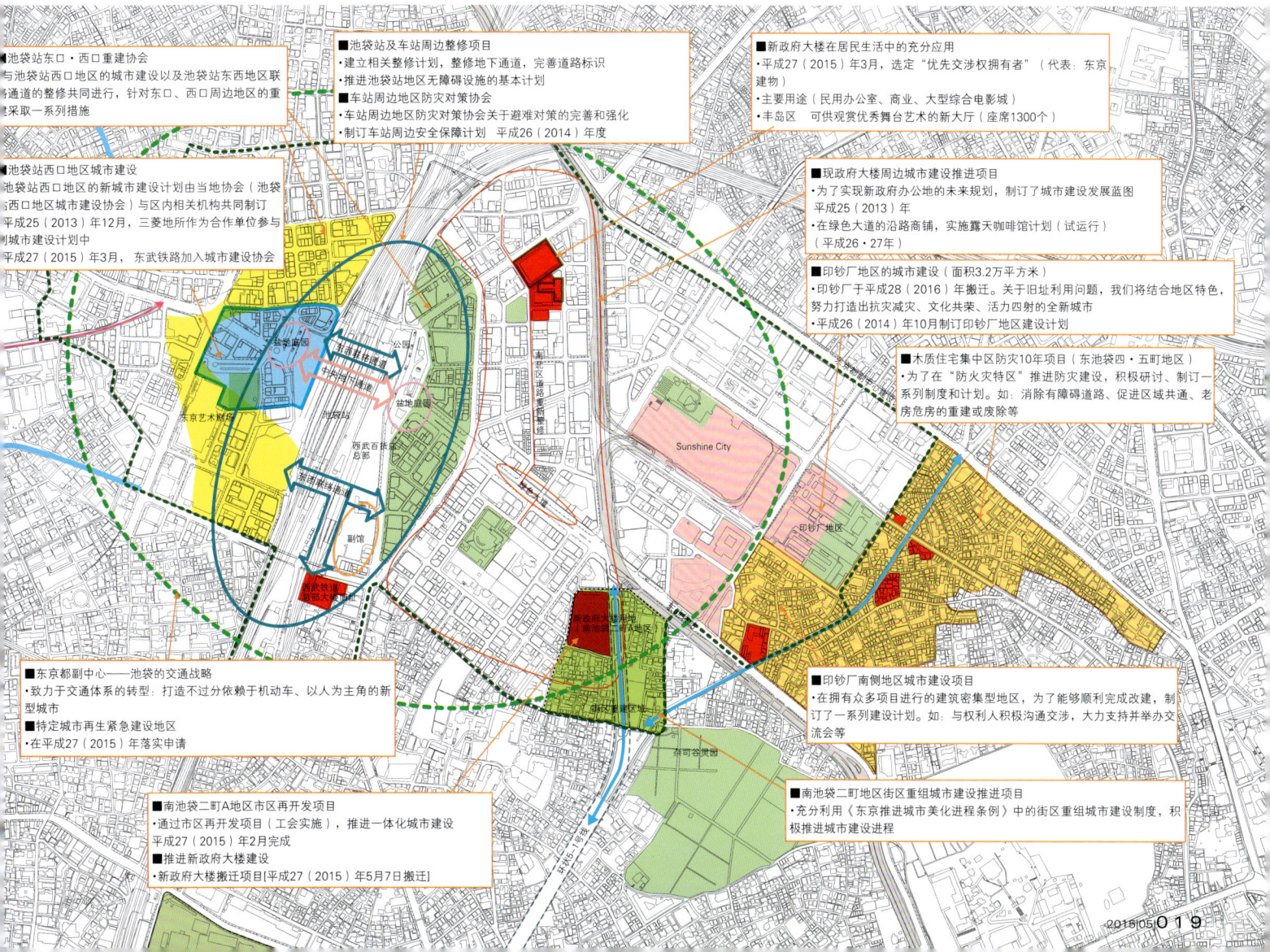

池袋站东口方向全景，正面中央道路为绿色大道

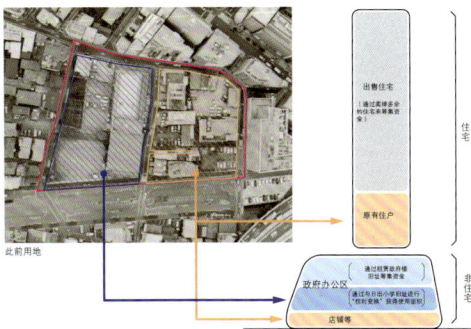

■池袋站东口·西口重建协会
与池袋站西口地区的城市建设以及池袋站东西地区联络通道的整修共同进行，针对东口、西口周边地区的重采取一系列措施

■池袋站西口地区城市建设
池袋站西口地区的新城市建设计划由当地协会（池袋西口地区城市建设协会）与区内相关机构共同制订
平成25（2013）年12月，三菱地所作为合作单位参与制城市建设计划中
平成27（2015）年3月，东武铁路加入城市建设协会

■东京都副中心——池袋的交通战略
·致力于交通体系的转型：打造不过分依赖于机动车、以人为主角的新型城市
■特定城市再生紧急建设地区
·在平成27（2015）年落实申请

■南池袋二町A地区市区再开发项目
·通过市区再开发项目（工会实施），推进一体化城市建设
平成27（2015）年2月完成
·推进新政府大楼建设
·新政府大楼搬迁项目[平成27（2015）年5月7日搬迁]

■池袋站及车站周边整修项目
·建立相关整修计划，整修地下通道，完善道路标识
·推进池袋地区无障碍设施的基本计划
■车站周边地区防灾对策协会
·车站周边地区防灾对策协会关于避难对策的完善和强化
·制订车站周边安全保障计划 平成26（2014）年度

■新政府大楼在居民生活中的充分应用
·平成27（2015）年3月，选定"优先交涉拥有者"（代表：东京建物）
·主要用途（民用办公室、商业、大型综合电影城）
·丰岛区 可供观赏优秀舞台艺术的新大厅（座席1300个）

■现政府大楼周边城市建设推进项目
·为了实现新政府办公地的未来规划，制订了城市建设发展蓝图
平成25（2013）年
·在绿色大道的沿路商铺，实施露天咖啡馆计划（试运行）
（平成26·27年）

■印钞厂地区的城市建设（面积3.2万平方米）
·印钞厂于平成28（2016）年搬迁。关于旧址利用问题，我们将结合地区特色，努力打造出抗灾减灾、文化共享、活力四射的全新城市
·平成26（2014）年10月制订印钞厂地区建设计划

■木质住宅集中区防灾10年项目（东池袋四·五町地区）
·为了在"防火灾特区"推进防灾建设，积极研讨、制订一系列制度和计划。如：消除有障碍道路、促进区域共通、老房危房的重建或废除等

■印钞厂南侧地区城市建设项目
·在拥有众多项目进行的建筑密集型地区，为了能够顺利完成改建，制订了一系列建设计划。如：与权利人积极沟通交涉，大力支持并举办交流会等

■南池袋二町地区街区重组城市建设推进项目
·充分利用《东京推进城市美化进程条例》中的街区重组城市建设制度，积极推进城市建设进程

品川 SEASON TERRACE

设计 NTT FACILITIES 大成建设 一级建筑师事务所 NTT都市开发 一级建筑师事务所 日本水工设计
施工 大成建设
所在地 东京都港区
SHINAGAWA SEASON TERRACE
architects: NTT FACILITIES, TAISEI DESIGN PLANNERS ARCHITECTS & ENGINEERS, NTT URBAN DEVELOPMENT, NIHON SUIKO SEKKEI

西侧航拍图。图片中央为正在建 SEASON TERRACE，右侧为品川站。重建芝浦水再生中心，同时在地块上部的人工地盖建造建设用地。这是日本首次对原有水再生中心应建立都市规划的，可防御二次分和再生水回收的上层空间。在人工地基上设置环保型办公楼，建成 46000 m²的建筑（约5万平方米）。计划在该用地西北方（左下）建设新的JR

官民合作重建芝浦水再生中心，充分利用上层空间

芝浦水再生中心位于JR品川站的东北方向，为品川地区初期实施填海造地工程的地区。这里曾经有很多工厂、仓库，随着时代的发展，如今这里已成为商业以及住宅气息浓厚的区域。

东京都于2007年策划制定了《品川站·田町站周边城市建设指导方针》，计划重建芝浦水再生中心，并将其上层空间充分利用起来。为此，于2008年举办了设计竞赛，2009年，决定采用NTT都市开发集团的设

计方案。

2011年东京都发布了立体都市规划，而港区则有着建设大型开放空间的有利条件，基于这两点，制订了地区规划及地区整备计划，以确保完善城市通风廊道以及休憩休闲场所的修建。

根据这些规划，在下水道设施的上层空间建设民用以及公用大厦，并由东京都下水道局与NTT都市开发合作进行官民开发，建造宽阔的绿地，以确保城市上方的通风。

（筱原宏年/NTT都市开发）

环境模范都市

在重建芝浦水再生中心的同时，我们期望本工程能助力东京成为官民合作的"环境模范都市"。都市当中的模范大厦，应具有高环保性能，并注重所建大厦是否适合该地区的环境，而不只是单纯地注重对环境技术的应用。

羽田机场位于本设施南侧远处，由于航空法规的限制，没有遮挡物，光线可以直射到建筑物顶部。作为城市通风廊道的一环，明治时期填海造地所形成的运河经由本工程用地，为市中心送去清凉的风。同时，在这里，作为水循环最后一站的水再生中心则再次生产出水。这光、这风、这水，都是由精心策划的都市结构创造出来的全新的自然环境。

贯穿建筑物中央、高达130 m的挑空形成"天空的空隙"，其中配备了太阳光自动追踪采光装置，把光送到入口和标准层中心，并将其作为送气通道吸收风力。建筑物为纵向结构，用挑檐和纵向鳍状结构控制光线和风，形态富于变化，极具艺术美感。建筑物的顶部为使送风、排风更加顺畅，采用便于风通过的鳍状设计。在室内空间和景观设计当中，采用以东京为水源地种植的多摩杉树木材，可使人感受到孕育出水源的森林的气息。品川站附近设有步行道，显示出了通向新车站的轴线，形成了壮大的都市景观。建造在人工地基上的广场也推动了城市通风廊道的形成，把沿岸地区的生态系统与武藏野高地的森林生态系统连接起来，形成都市环保的基础设施。

舒适且高效的日本国内最大办公区

为使巨大的80 m×80 m的平面变成富有竞争力和魅力的办公区，把便于眺望的外围部分也归属于各个办公区所有，把设备及水循环集中在中央区域，使办公空间具有开放性。设计当中，新的水再生中心的建筑物中心包含"天空的空隙"以及8个排气孔，使得建筑物中心部分光线充足、亮度舒适，送气排气通道具有高度的灵活性。约5000 m²的办公区可以灵活应对多样的办公需求，便于工作人员沟通、交流，提高办公效率。如今，品川已发展成为东京都重要的交通节点，本项目作为品川的商业据点，引领着品川的未来。

（河村大助/NTT FACILITIES 井深诚/大成建设 坂上智之/NTT都市开发）

（翻译：李经纬）

东侧视角。芝浦水再生中心上方，在人工地基上种植绿荫。办公大厦下方的活动广场（照片左侧）为个人企业管理范围，前方（照片右侧）为东京都的管理范围

活动广场。该用地作为东京都提出的品川站一丁目站周边都市建设规划的一部分，利用地面的起伏设置了活动和休闲场所。为应对热岛效应，该用地作为城市通风廊道需要将海风从东京湾运送到东京都中心。为此，沿着城市通风廊道，实施了一系列举措。例如，顺主风向栽种植物、建造群落生境等。

南侧俯瞰图。穿过主通道，走向北侧的活动广场，东京塔就位于这条轴线上。南侧下方的环保广场中有行道树和水景，可在一定程度上缓解热岛效应

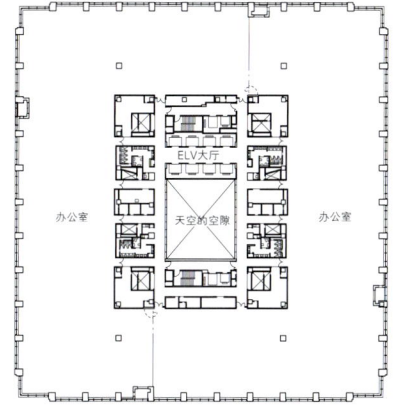

标准层平面图

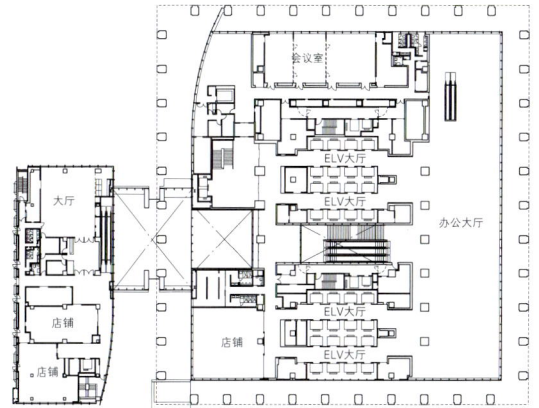

3层平面图

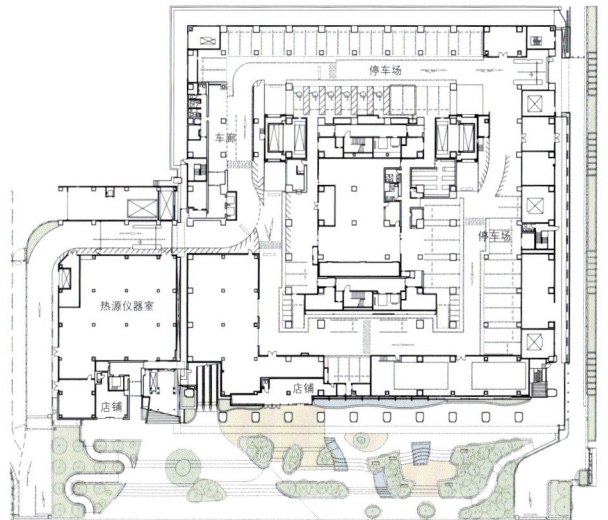

1层平面图

2层平面图　比例尺1:1600

从办公层看向人工地基上的绿地

入口大厅，挑空高为两层的空间，自然光从天窗导入

仰视入口上方的"天空的空隙"，通过建筑物顶部的太阳光采光装置的自动追踪反光镜，以及设置在"天空的空隙"上具有扩散性能的波形铝制壁板和兼有导光性能的超平铝板，将自然光导入到办公大厅和公用走廊

环境模范都市中的环保建筑

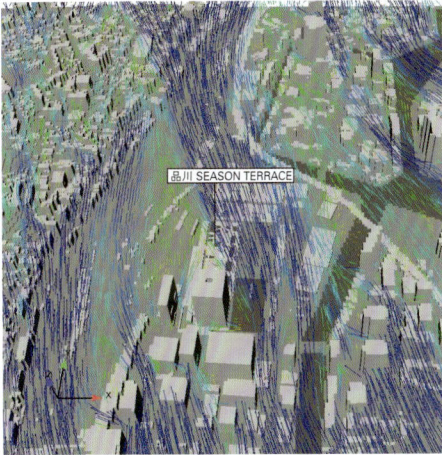

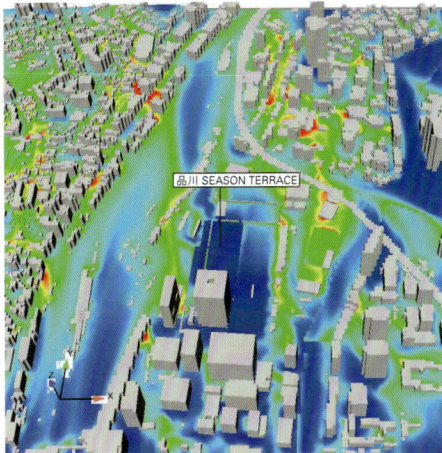

上：都市冷却效果预测模拟实验（越接近蓝色温度越低）/下：夏季高空中风的流动模拟实验（完成时，颜色越深风速越快）。作为城市通风廊道建设的一环，夏季，风从东京湾吹向市中心。我们事先用模拟实验预测出建造高层建筑物对现存的城市通风廊道的影响，以及计划用地内植被和水域带来的冷却效果，证实了高层建筑物并不会影响城市通风廊道。相反，计划用地内的风可以缓解下风地区的热岛效应

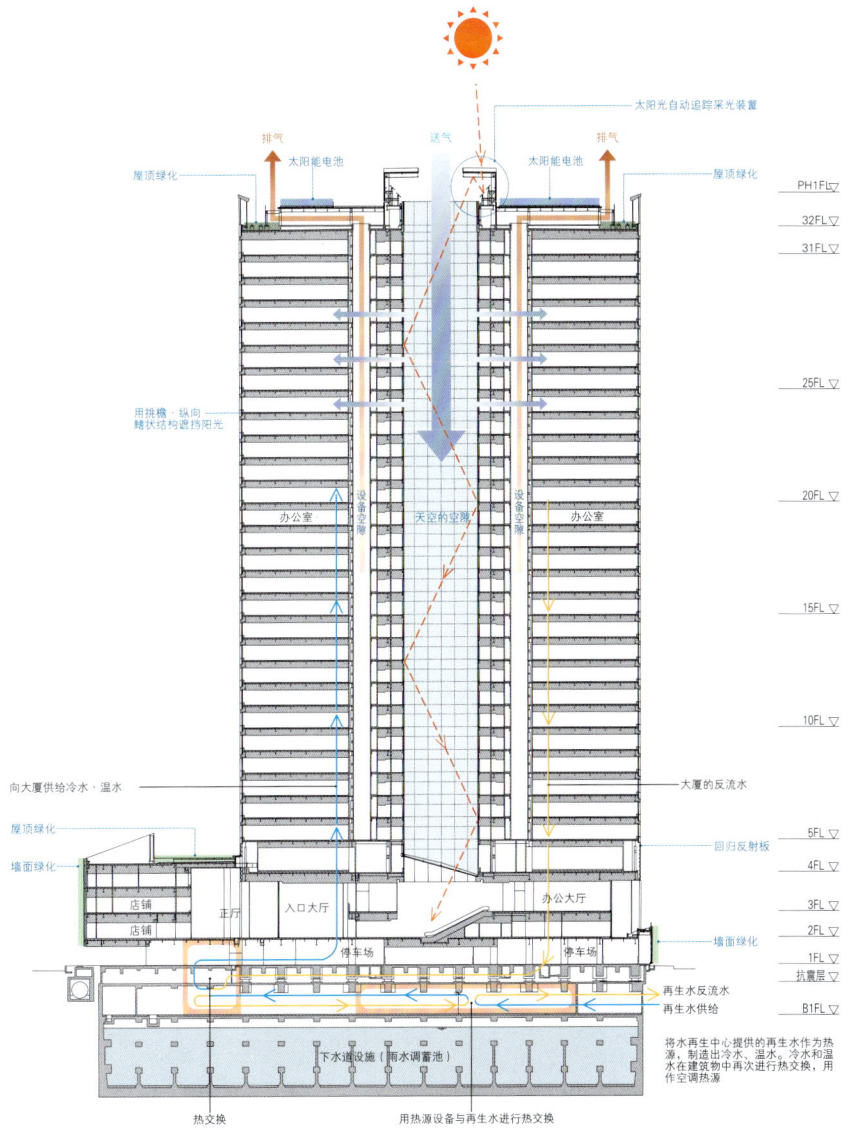

剖面图　比例尺1:1500

左：仰视南侧正面。在低层设置了可以将太阳光反射到天空中、抑制温度上升的回归反射板
中：在环保广场处设置的清凉通道中，夏季会定时喷射水雾
右：南侧低层中设置有流水的壁泉和绿化墙面，可缓解都市热岛效应

左：南侧视角。左侧是副楼，设有店铺和社区大厅/右：正厅。左侧是副楼的店铺，右侧是办公区域入口。穿过正面，连接北侧的活动广场

左：办公室。办公室区域1层面积约5000 m²，顶棚高2900 mm。便于眺望的外周部分作为办公专用区，增强开放性/右：办公层公用走廊。自然光从"天空的空隙"射入。2011年10月开始实施的《港区规范二氧化碳固定认证制度》规定，港区建筑要使用日本国产木材，因此公用部分及电梯前厅都使用了多摩产的杉树木材

热源机械室　　　　　　　　　　　　　　支撑人工地基的钢架

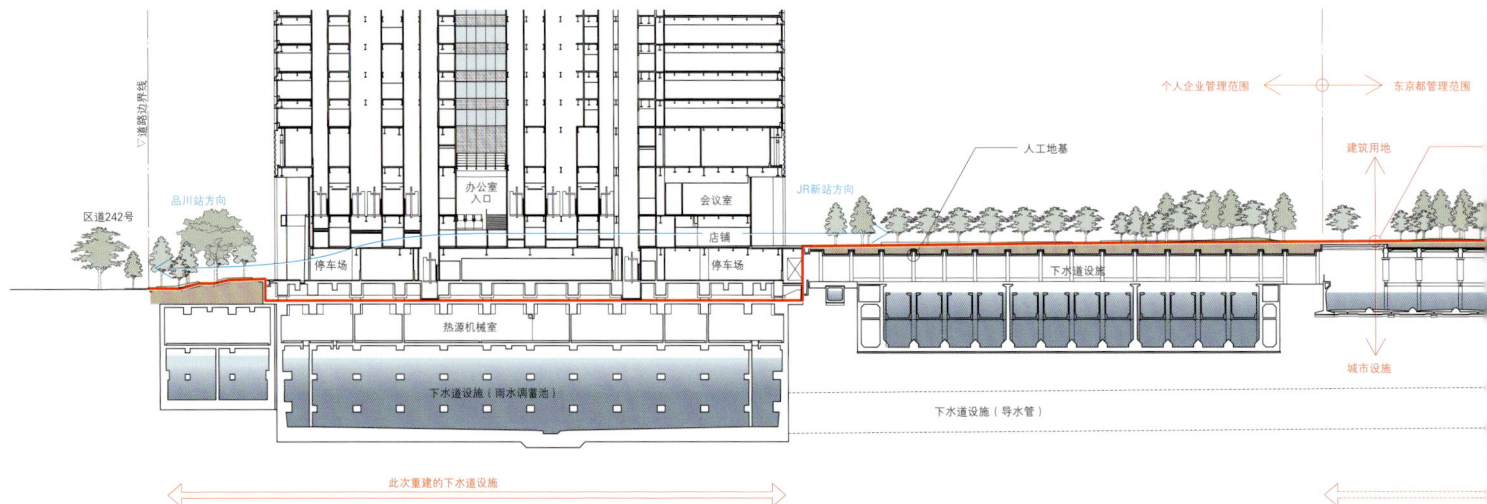

地基剖面图　　比例尺1:1200

引领品川的商业据点

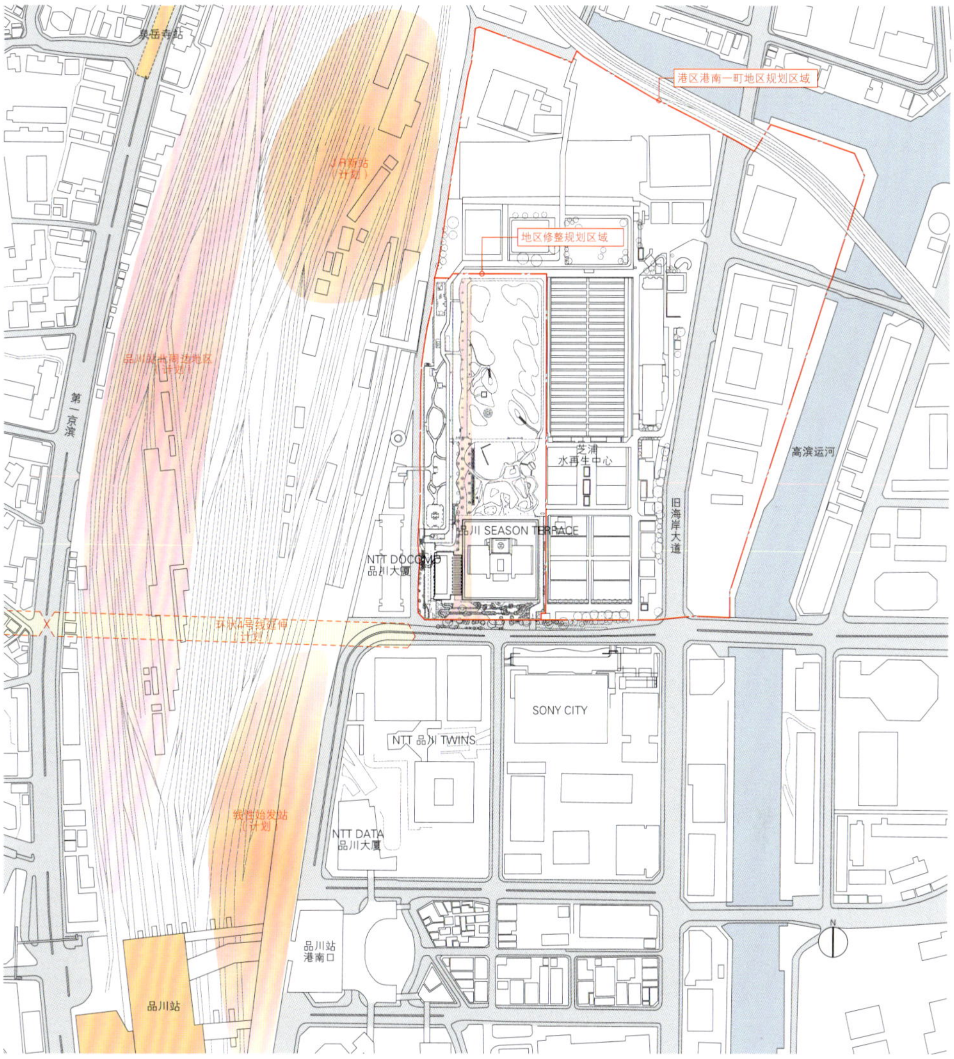

区域图　比例尺1:8000

设计：NTT FACILITIES
　　　大成建设一级建筑师事务所
　　　NTT都市开发一级建筑师事务所
　　　日本水工设计
施工：大成建设
用地面积：49 547.86 m²
建筑面积：9128.31 m²
使用面积：206 025.07 m²
层数：地下1层　地上32层　阁楼1层
结构：钢架结构　一部分为钢筋混凝土结构
工期：2012年2月~2015年2月
摄影：日本新建筑社摄影部（特别标注除外）
（项目说明详见第159页）

建筑与土木工程的融合

　　一般来说，都市设施上方是不能再建设建筑物的，但是本项目由于引入了立体都市规划，使下水道设施（城市设施）与商业大厦一体化成为可能。通过利用城市设施上方未利用的空间，建设超高层建筑物。

　　地下设有用于削减芝浦干线流域污浊负荷量的雨水调蓄池，还有利用污水热的热源机械室等城市设施（土木设施）。地上主要为办公室，与地下的城市设施构成一体化建筑物。为此，地下设计要满足建筑和土木工程两方面的基本要求。

　　建筑和土木工程的基准，从容许应力到设计方法都存在很多不同，因此每个基本标准的设计调整都需要长时间的商议。另外，为了降低地震对地下城市设施的影响、提高超高层建筑物的抗震性，将地上与地下的连接部设计成抗震层的抗震结构。

（大畑克三/大成建设）

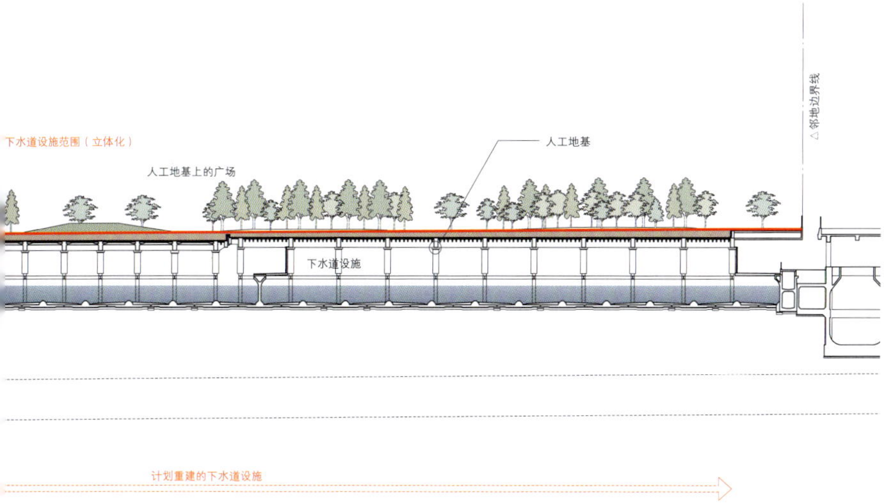

从人工地基上的绿地看向北侧外观。在3.5万平方米的绿地上，沿着城市通风廊道种植有适合不同季节的多种树木，还设有草坪广场、给人清新感受的湿地花园等

东京日本桥TOWER

设计　日建设计
施工　大林组
所在地　东京都中央区
TOKYO NIHOMBASHI TOWER
architects: NIKKEN SEKKEI

中央大街眺望。日本桥门字路口新修建了面积约1500㎡的广场，并设有
下沉花坛，与建筑物直接相连，可通向东京地铁日本桥站。广场上建有有名
的日本纸老店榛原。

看向中央大街方向。顺着自动扶梯向下，可到地下1层广场和东京地铁日本
桥站的中央大厅。预计在Ⅱ期工程竣工时，玻璃房檐将与下沉花坛一起扩建
一倍。左侧的榛原外墙上搭配使用了三种样式的砖瓦（3D砖瓦）（参照第
160页）

西南侧视角。画面右侧是高岛屋日本桥店（竣工：1933年，设计：高桥贞太郎，增建设计：村野藤吾）。正在施工的是日本桥二町三目地区市区再开发工程C街区。计划将来会建设同样高达180 m的超高层大厦，为尽可能避免彼此视线对视的人能看见彼此，将南侧三分之二的部分用作设备阳台，并在室外机械放置处安装了消音翼制百叶窗。

2015|05 033

从代官现角，低层有金融企业和主入口。外部装满为打入PC的石材贴面，低层的一部分为
中杆石材饰面，石材使用了印度产的花岗岩。石杜突出于玻璃外侧，并设计成双技结构，中
间挖空并安装有照明灯

顶棚高约17 m。挑空为4层楼高的1层入口大厅。安装有6台轿厢电梯，可承载70人，穿梭
于1层和7层的空中大厅。由于轿厢电梯通过中间抗震层，在7层的部分四周设置伸缩缝。右
侧墙壁设置金属百叶窗及使用LED照明的艺术空间

东北侧俯瞰图。左侧呈格子状外观的建筑物为东京日本桥TOWER。旁边是日本桥一町大楼（COREDO日本桥，详见本杂志0404）。贯穿中央的是日本首都高速公路，下方是日本桥河，右侧是日本桥三井塔，还可看到室町东三井大楼（COREDO室町，详见本杂志1012）、室町古川大楼（COREDO室町2，详见本杂志1404）、室町TIBAGIN三井大楼（COREDO室町3，详见本杂志1404）等

六个街区合作，助力都市发展

在相邻的六个街区（A~F街区）组成的东京都都市再生特别地区·日本桥二町地区中，东京日本桥TOWER是最先营业的街区。与该街区（E街区）一街相隔的东侧街区（F街区），由多家企业联合经营，并由住友不动产担任代表。多年以来，积极与其他街区展开企业合作，以住友不动产为主体，推动了都市规划以及企业的发展。

高层当中，有1层面积约为2700 m^2 的高级办公层。与东京地铁日本桥站相连的地下广场和地上广场，在发生灾害时，可容纳约5000人避难。活动大厅和休闲室的设置促进了地区间的交流。沿着永代路，有横滨银行；沿着中央路，有日本纸老店榛原。这里汇集了多家店铺，整个街道非常繁华。

日本桥地区有日本桥（重要文化遗产）、日本银行总店总部（重要文化遗产）等很多有着悠久历史的石制建筑。日本桥中心采用石制的格子构造，营造出有着厚重历史风格的外观。凹凸不平的建筑外壁不仅可以遮挡日光，也可改善周围的通风状况。

由于在基本规划阶段经历了东日本大地震，根据住友不动产的强烈要求，采用了中间层抗震结构。在中间抗震层下部，采用配备减震构件的抗震·减震结构，使其具有很强的抗震能力。

此次Ⅰ期工程竣工，在今后的Ⅱ期工程当中，计划拆除面对日本桥十字路口的原有建筑物，新建大厦，在东侧街区建设商业设施。包含本街区在内的六个街区将各自发挥业务、商业、文化、观光等功能，在发挥历史悠久的日本桥的潜力的同时，吸引更多人来访，创造出有活力的日本桥地区。这是我们为日本桥地区的繁荣做出的计划。

（奥山隆平+寺岛和义/日建设计）

（翻译：李经纬）

区域图 比例尺1:10 000

1) 标准层。办公室内部不设置支柱，建筑物外墙为棱角分明的石制格子外观。窗台部分设置了自然换气窗。天花板高3 m。基本跨度为7.2 m×25.5 m，大型无支柱空间

2) 7层空中大厅。左侧为大理石切割的石壁。6层为应对BCP设置的中间机械室，其正下方就是中间抗震层

3) 地下1层地下广场。柔和的自然光从下沉花园射入到地下空间。因其与东京地铁日本桥站直接相连，可用作防灾缓冲带。在发生大规模灾害时，也可用作避难所。右侧有可到达地下2层的电梯

4) 地下2层前厅。右侧与会客厅前厅相连

5) 地下2层多功能会客厅前厅。为使人联想到日本桥河的河水，铺设了波纹图样的蓝色地毯

6) 地下2层多功能大厅。地面面积约1310 m²，顶棚高6 m，最多可容纳1300人，为地区最大容纳量

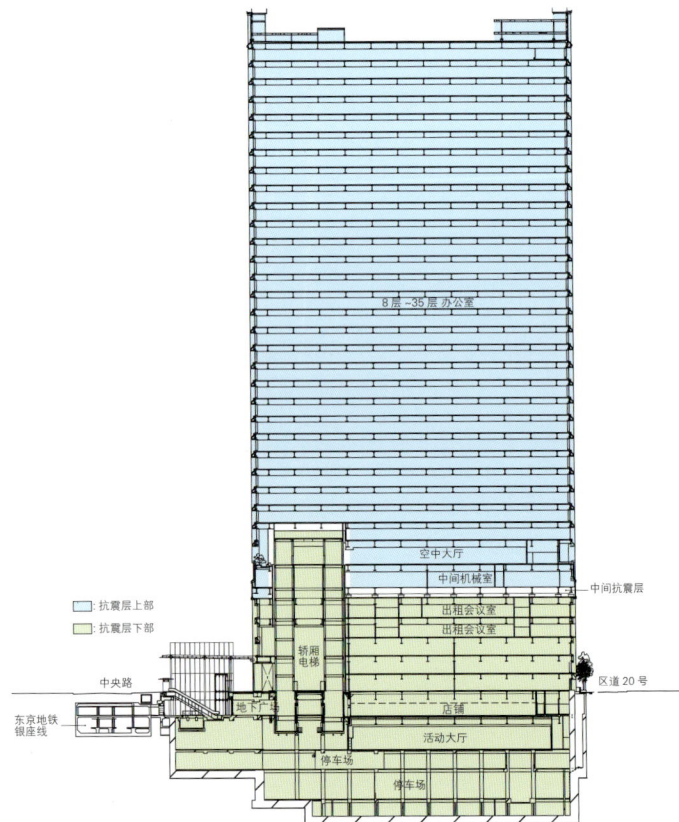

剖面图　比例尺1:2000

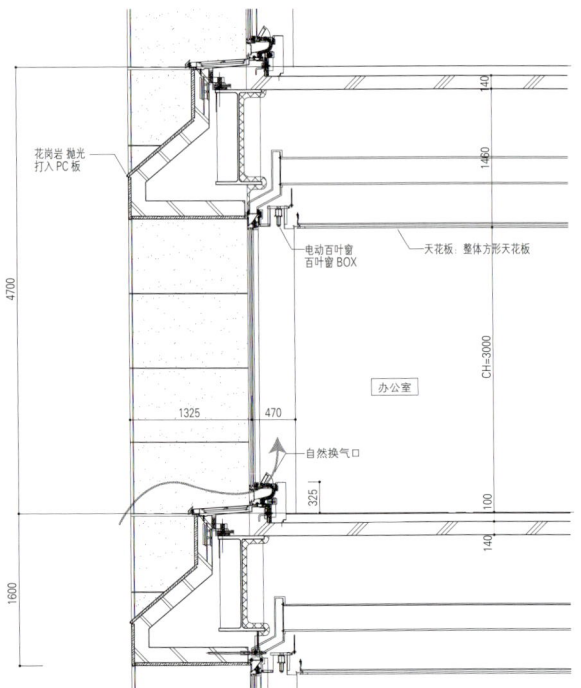

部分剖面详图　比例尺1:80

设计：日建设计
施工：大林组
用地面积：7441.71 m²
建筑面积：5048.88 m²
使用面积：136 181.25 m²
层数：地下4层　地上35层　阁楼2层
结构：钢架结构　钢架钢筋混凝土结构
　　　钢筋混凝土结构
工期：2012年9月~2015年2月
摄影：日本新建筑社摄影部（特别标注除外）
（项目说明详见第160页）

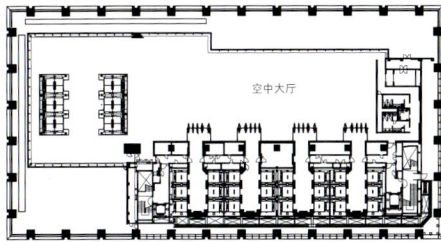

从北侧看向日本桥二町地区市区再开发工程C街区。右侧为高岛屋日本桥店。

7层平面图

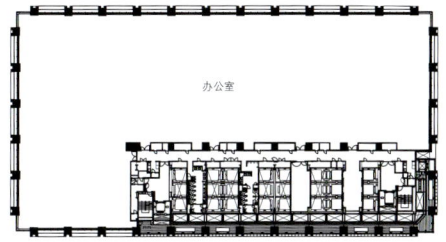

标准层平面图

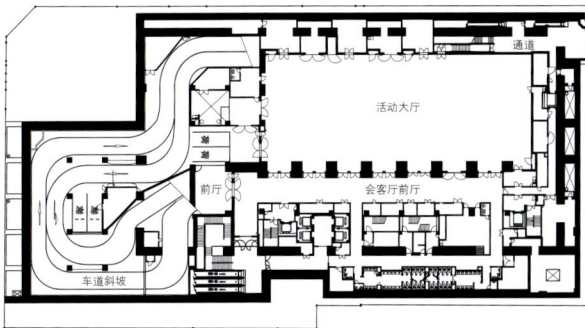

地下2层平面图　比例尺1:1500

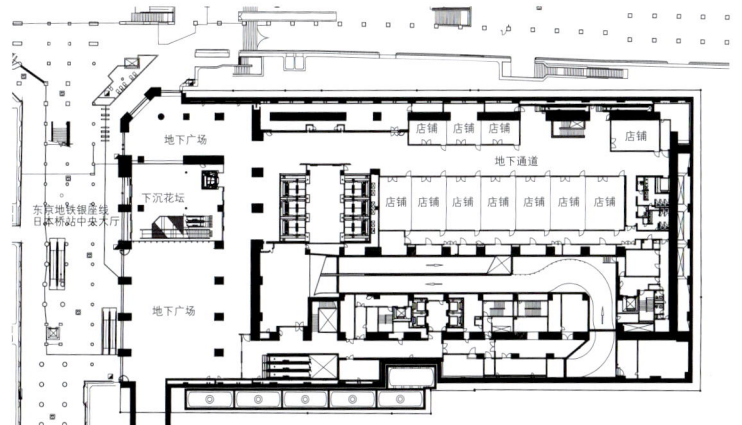

地下1层平面图

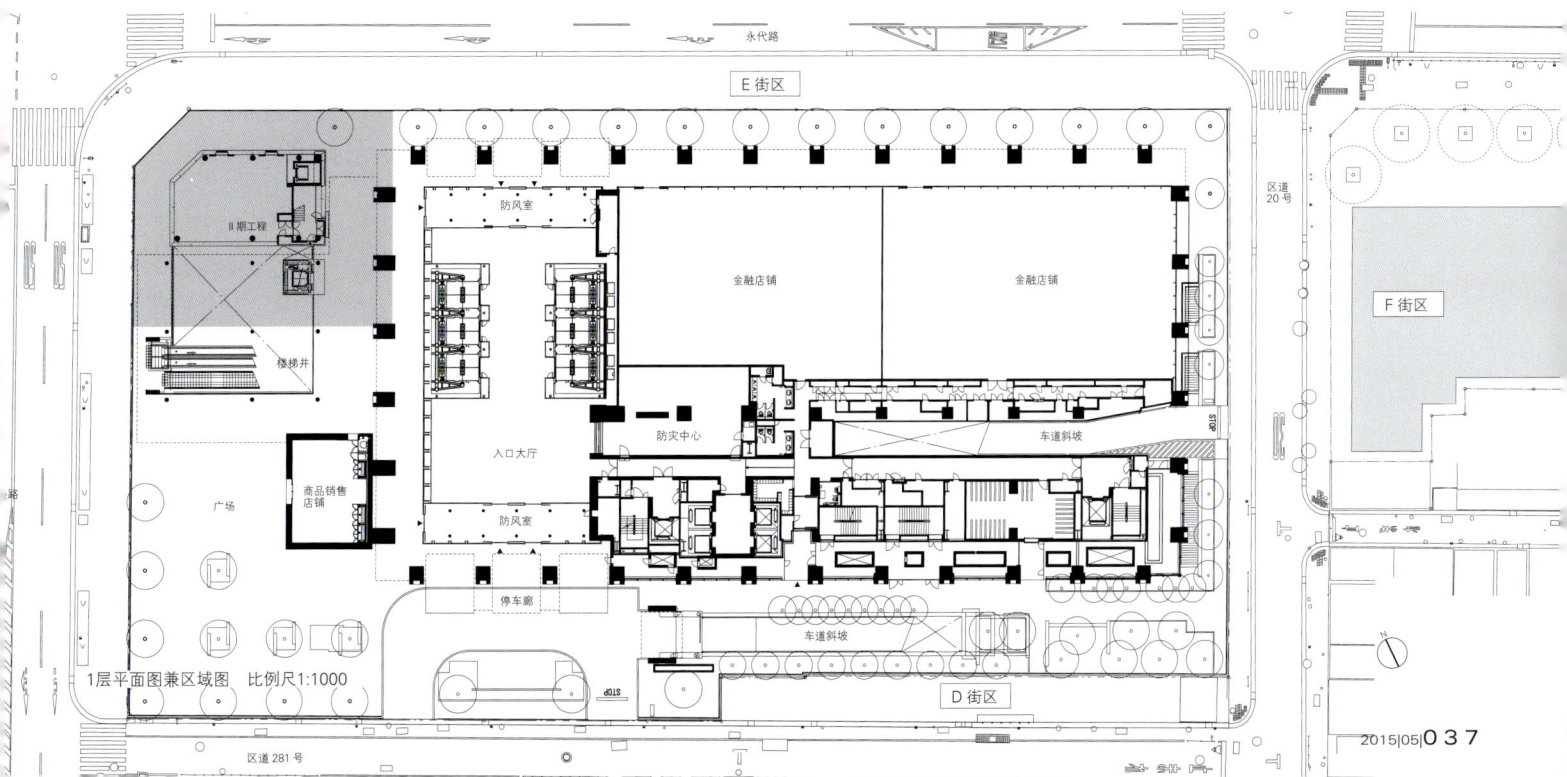

1层平面图兼区域图　比例尺1:1000

日本桥二町地区市区再开发项目

设计　日本设计・PLANTEC设计共同合作
施工　大林组（A街区）　竹中工务店（B街区）　鹿岛建设（C・D街区）
所在地　东京都中央区
NIHOMBASHI 2-CHOME PROJECT : A~D BLOCKS
architects: NIHON SEKKEI + PLANTEC

日本重要文化财产与新建筑携手共创都市新风尚

在本次规划中，有两个开发项目，一是由六个街区组成的都市再生特别地区开发项目，包括现存的高岛屋日本桥店。另一个是对其中的四个街区（南街区、A~D街区）进行的市区再开发项目。

高岛屋日本桥店由高桥贞太郎先生设计，于1933年竣工落成。在此之后，相野藤吾先生又对它进行了增建。2009年成为日本首个被指定为"重要文化遗产"的百货商场建筑物。

在本项目中，我们一方面要传承日本桥地区的传统与文化，另一方要致力于整个日本桥地区的重建，为本地区增添新的活力。在面积约2.6万平方米的规划地上，我们将日本重要文化遗产放在本开发项目的核心位置，在保存它原貌的基础上在楼顶建造了绿色萦绕的阳台。此外，新建的两栋大规模复合楼主要包括一些商业设施，这些设施将会与具备BCP性能的办公室以及高岛屋日本桥店实现一体化。在这之中，起连接作用的是拥有各种路面店铺的繁华街道。通过将以上设施进行一体化规划、重建，期待有更多的人来访日本桥，努力打造出独具魅力与活力的都市街景。

（雨宫正弥/日本设计）
（翻译：高思阳）

西侧的完成效果图。本次日本桥二町地区市区再开发项目以日本重要文化遗产——高岛屋日本桥店为核心，我们在保存它原貌的基础上在楼顶建造了绿色萦绕的阳台。新建的两栋大规模复合楼（A、C街区）主要用来建设一些商业设施，这些设施将会与具备BCP性能的办公室以及高岛屋日本桥店实现一体化。这两栋楼（A、C街区）的外部装潢由SOM负责

上：改建前的高岛屋日本桥店（2015年5月）
左下：为了完善步行交通网，方便顾客购物，并为本地区带来新的活力，在B街区和C街区间设置了行人专用道*
右下：行人专用道。在这里有传统的百年老店，人们可以穿梭于街道之间自由地进行交流。同时，也设置了一些开放场所，用于举办与日本桥地区相关的各种展览和活动*

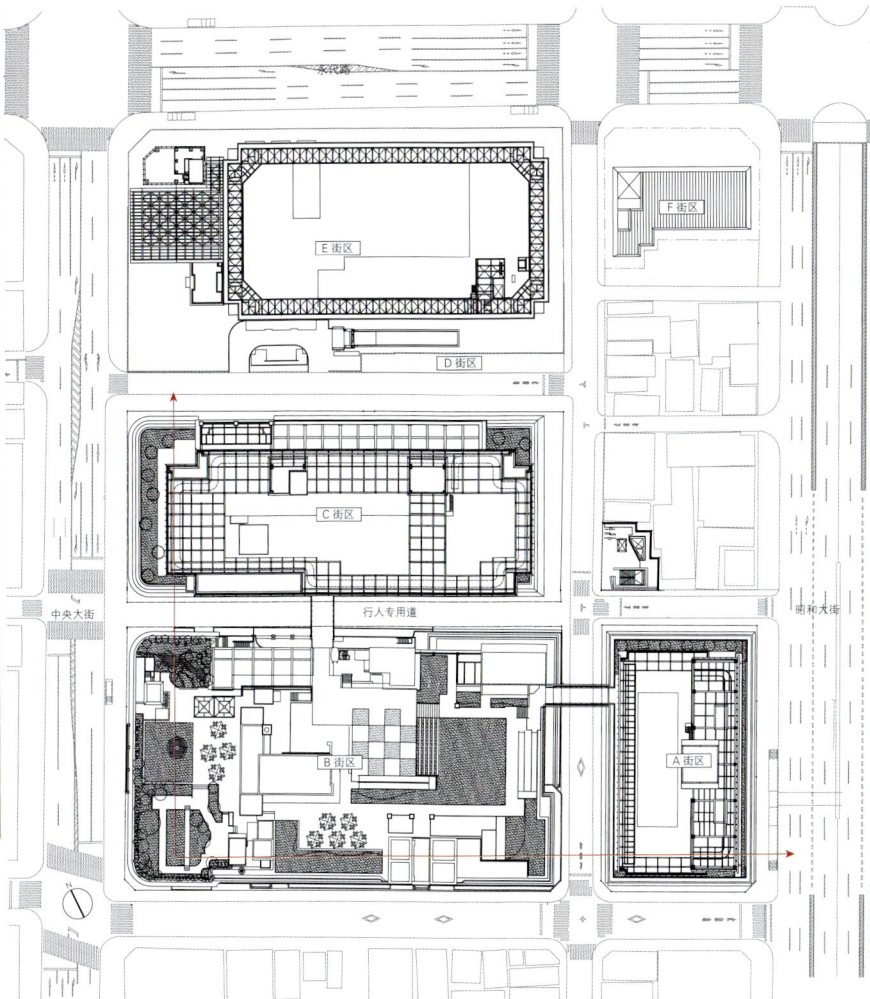

区域平面图　比例1:2000

设计：建筑·设备：日本设计·PLANTEC设计共同合作
施工：A街区：大林组　B街区：竹中工务店
　　　C·D街区：鹿岛建设
用地面积：A街区：约2991 m²　B街区：约8364 m²
　　　　　C街区：约6024 m²
建筑面积：A街区：约2721 m²　B街区：约7748 m²
　　　　　C街区：约5310 m²
使用面积：A街区：约58 084 m²　B街区：约80 659 m²
　　　　　C街区：约5310 m²
层数：A街区：地下5层　地上26层　楼顶2层
　　　B街区：地下3层　地上8层　楼顶4层
　　　C街区：地下5层　地上31层　楼顶1层
结构：A街区：钢架结构　部分为CFT结构
　　　钢筋钢架混凝土结构和钢筋混凝土结构
　　　B街区：钢筋钢架混凝土结构
　　　C街区：钢架结构　部分为CFT结构
　　　钢筋钢架混凝土结构和钢筋混凝土结构
工期：A街区：2014年11月~2018年6月（计划）
　　　B街区：2014年4月~2019年2月（计划）
　　　C街区：2014年6月~2018年7月（计划）
摄影：日本新建筑社摄影部
*照片提供：日本设计
（项目说明详见第160页）

实现设备的高效利用

　　高岛屋日本桥店（B街区）作为日本首个被指定为"重要文化遗产"的百货商场建筑物，又由于结构上的一些制约，很难大规模地更新热源机器。考虑到这一点，在本次规划中，我们将具备大规模储热槽的高效率热源系统设置在了A街区。通过向A、B、C三个街区同时供热，实现了热源的综合高效利用，也减少了整个南侧地区的CO_2排放量。此外，由A街区的供电设备同时进行A、C两街区的供电，减少了特高变压器的台数，也减少了变压器的电力损耗。

（雨宫正弥/日本设计）

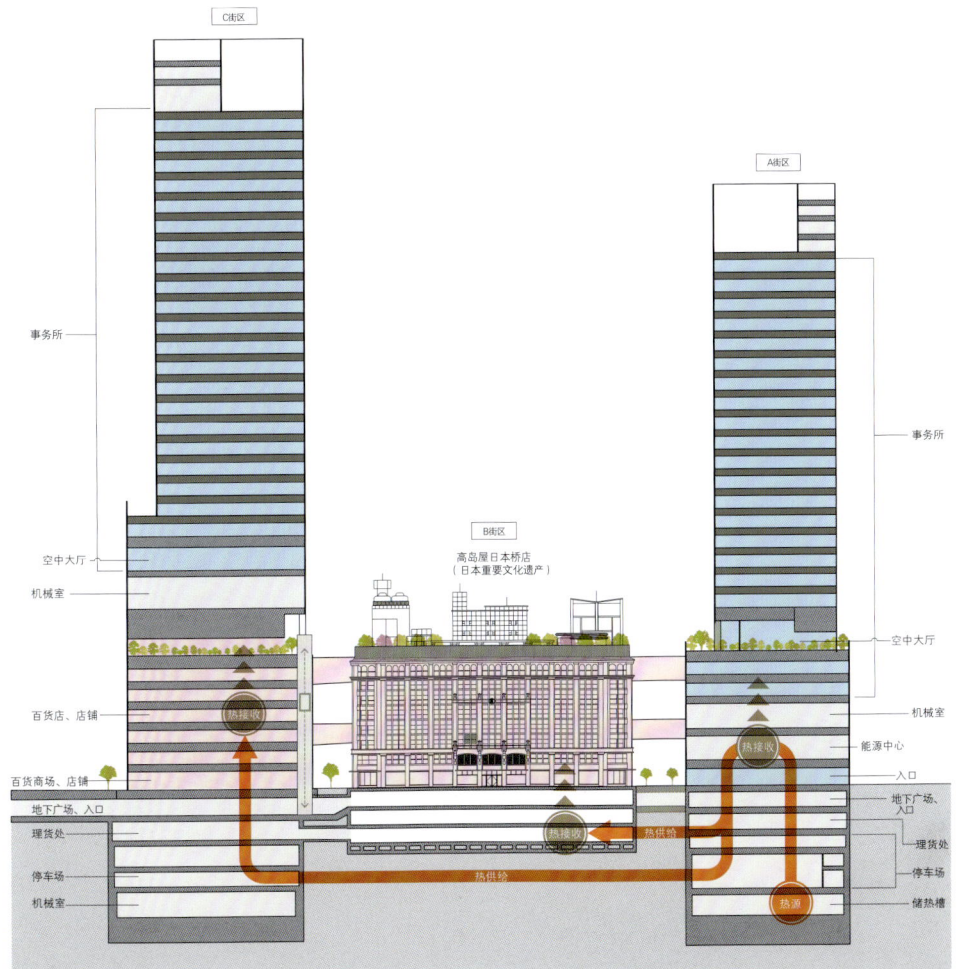

剖面图　比例1:1800

新宿东宝大厦

设计施工　竹中工务店

所在地　东京都新宿区
SHINJUKU TOHO BUILDING
architects: TAKENAKA CORPORATION

东侧视角。这里曾经是歌舞伎町的象征——新宿KOMA剧场，现在此处新建了东京都内最高级的复合式影院以及拥有1000个客房的宾馆等。它是新宿东口地区首个超过100 m的高层建筑

HOTEL GRACERY

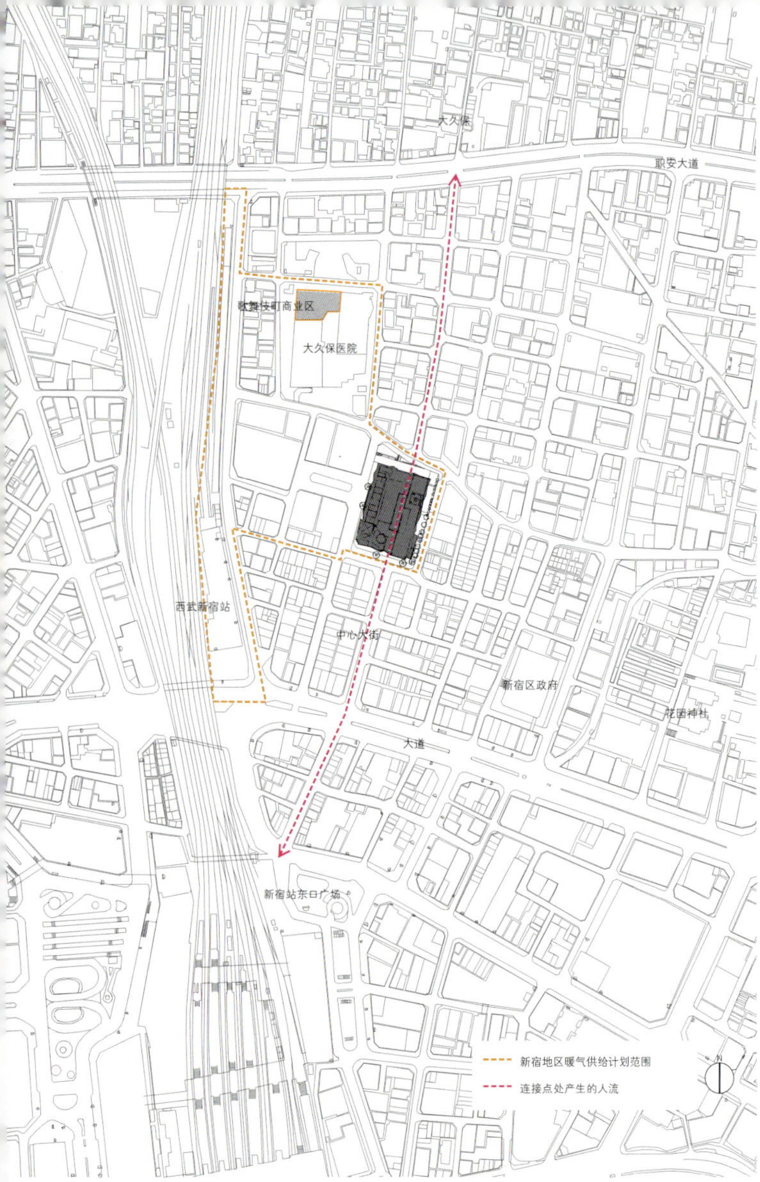

区域图　比例尺1:7000

地区冷暖气成套设备的利用

在大厦用地北侧的东京都保健医疗公社大久保医院的地下，设有地区冷暖气设备，为歌舞伎町的再开发提供了基础。本计划引入蒸汽和6.5℃的冷水作为空调热源。地下水槽中安装有约4000吨位的蓄冷蓄热槽，在制冷集中的时间段进行峰值转换，以推动地区整体能源的有效利用。

东北侧俯瞰图。左上方是JR新宿站。从车站东口穿过大道，途经纵贯南北的中心大街

在计划改建歌舞伎町的同时，为了使道路更加开阔，将中心大街的行道树改种为小灌树木。与霓虹灯广告牌相呼应，高层侧面上设置了99个57段的彩色LED照明灯，这与中心街入口处直角钩照明灯都体现出街中工务店的设计风格。高层侧面的灯光和街头的灯光共同照亮整条大街

从南侧入口看中心大街视角。复合式影院的主要入口直接连接地铁站。从高8 m、宽11.5 m的开口部位可看到歌舞伎町的部分风景

西南侧视角。1层是餐饮店，2层是娱乐中心。折板状的低层墙面使用了高光（透光率高达60%）特殊金属夹层板。朝向影城广场一侧的墙面（照片左侧）是绿化墙

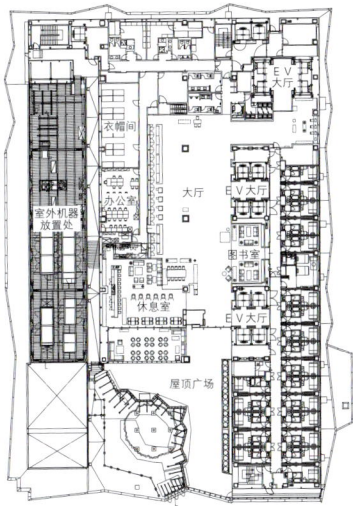

8层平面图

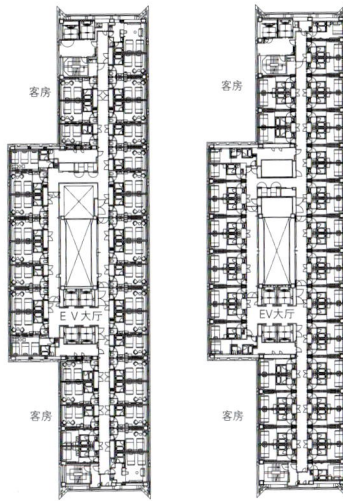

21层平面图　　　30层平面图

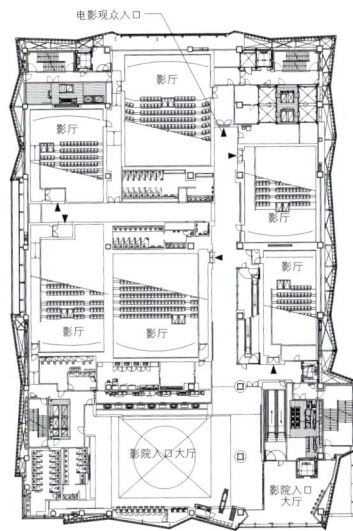

3层平面图　比例尺1:1200

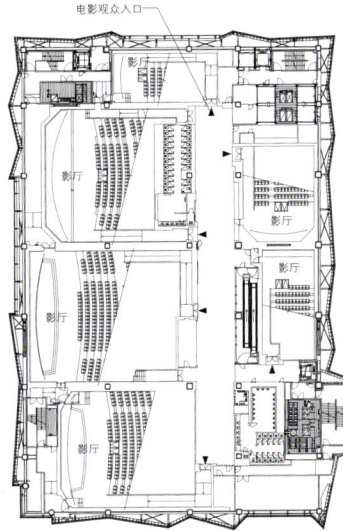

5层平面图

从3层TOHO影院大厅看中心大街视角

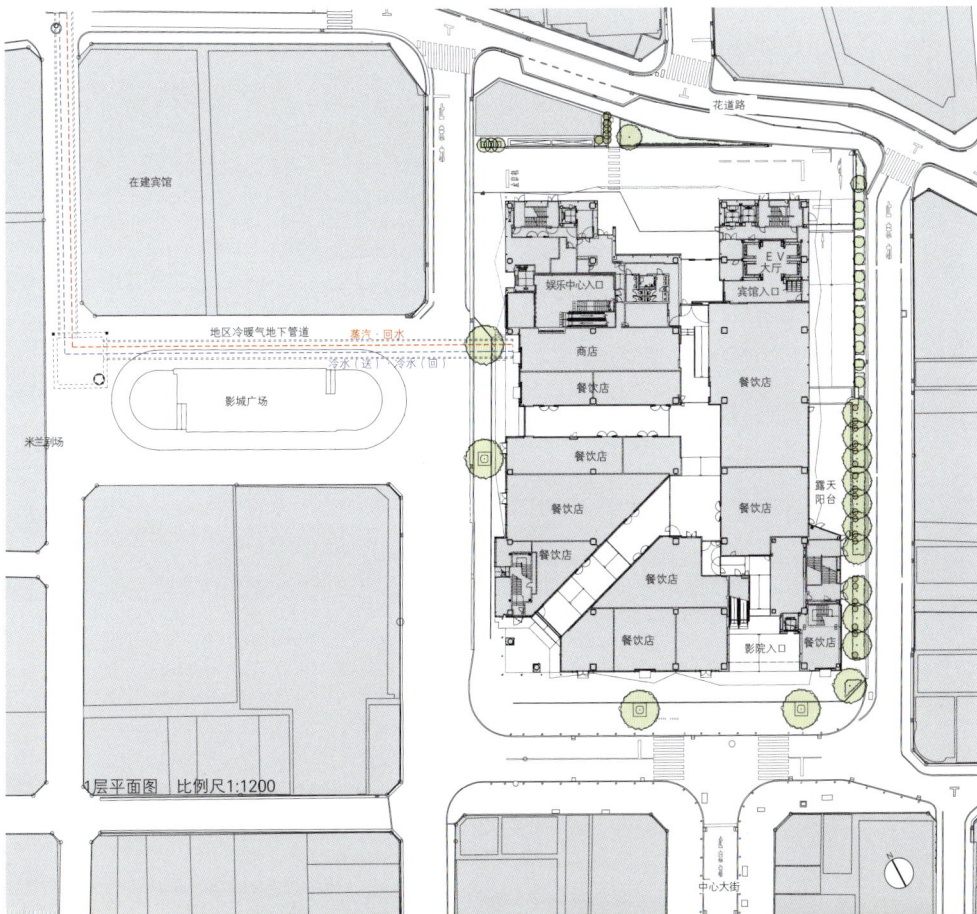

1层平面图　比例尺1:1200

上：8层宾馆大厅。处于低层和高层的交界处，和屋顶广场相连

中：TOHO影院9号厅。从3层到6层，共12个厅，2347个座位

下：半露天通道从1层西南方向延伸至町内，通道内两侧开设餐饮店，形成建筑物内的商业街道

上：中心大街视角。低层墙面设计为幕墙，从上方露出立体广告——原尺寸大小（高50 m）的哥斯拉头部
下：东侧仰视视角。深灰色无机PCa板和纵深180 mm的细条状窗户形成的外墙展现都市化设计风格

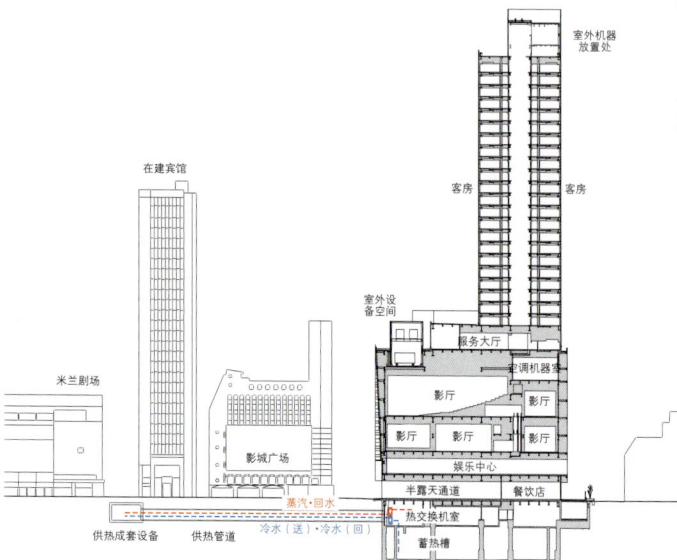

南侧立面图　比例尺1:200

南侧剖面详图　比例尺1:200

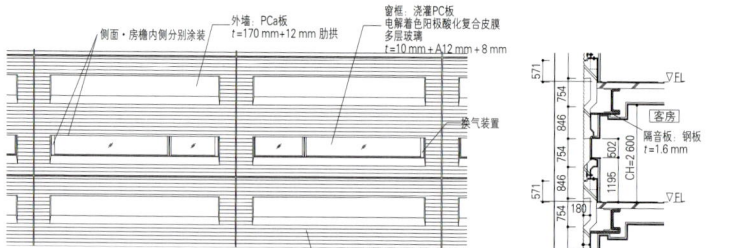

客房立面图　比例尺1:200

客房剖面详图　比例尺1:200

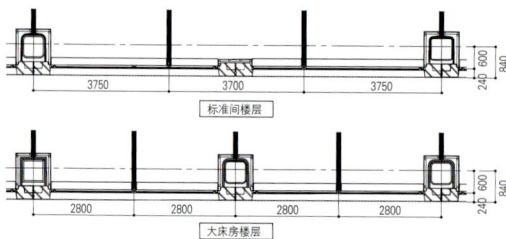

客房剖面图　比例尺1:200

剖面图　比例尺1:2000

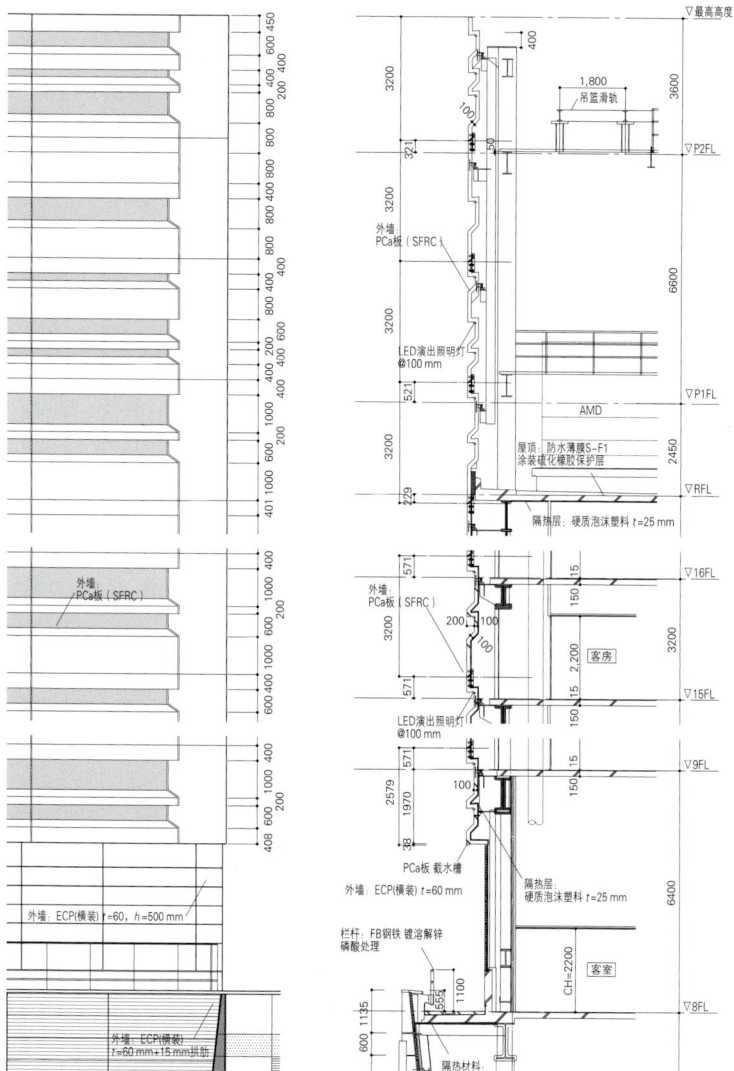

为都市增添繁华气息的外墙墙壁

从新宿站东口出来一眼就能看到该地区的标志性建筑物——歌舞伎町南面的光之塔，它将厚100 mm的不锈钢片混入PCa板（SFRC），向纵深方向弯曲200 mm，并在凹处嵌入100 mm的彩色LED闪光灯。南面的光之塔与随处可见的歌舞伎町广告牌交相辉映，旨在创造热闹繁华的景象。在低层部分，为了放大歌舞伎町的虚实结合的现代感，在外墙安装了高600 mm、宽1000 mm的3种颜色、极限光泽度为60度（平光）的双面绝热金属板。并且，开发出内外墙角处

隔水构造和无脚手架的施工方法，实现将欢乐街（剧场、游乐场、饮食店等集中在一起的热闹街区）的广告牌映入街道银幕。

高层外墙以两个层高3200 mm×横宽2800 mm的单人间为一个标准单元，铺装无光泽深灰色无机PCa板，每块PCa板上做出两个细条状窗户（宽4650 mm、高565 mm）。这使建筑的高层部分仿佛独立悬浮于城市上空，将宾馆客人的活力带到城市的风景中来。

（高岛一穗/竹中工务店）

位于8层（宾馆大厅层）、距地面40 m的屋顶广场。哥斯拉头部由玻璃纤维增强水泥（GRC）材质制成，由竹中工务店测量设计，还可以进行大声咆哮、口吐烟雾等表演

设计施工：竹中工务店
用地面积：5590.65 m²
建筑面积：4214.10 m²
使用面积：54 735.31 m²
层数：地下1层　地上30层　屋顶2层
结构：钢架结构　一部分为钢筋钢架混凝土结构
工期：2012年7月～2015年3月
摄影：日本新建筑社摄影部
（项目说明详见第161页）

展现城市活力的正面外观

　　这是一项对歌舞伎町的象征——新宿KOMA剧场（1956年～2008年）旧址的改建工程。第一次重建时，将歌舞伎的演出地点作为基础，在这里建设艺术·电影街区，新宿KOMA剧场也因此得名。在东京都城市计划科长石川荣耀的带领下，导入由宽度不同的T字路相互连接而进行整体组合的城市计划，建成了曲折状且建筑零星分布的迷宫式街区。就像电影导演雷德利·斯科特以歌舞伎町为背景拍摄的电影《银翼杀手》（1982年）里描绘出的2020年的未来城市一样，歌舞伎町以极度繁杂而多彩的景观吸引全世界的人们到此游览。但是，KOMA剧场的倒闭可以说是昭和时代的终结，同时也带来了歌舞伎町的没落。因此，政府和地区都渴望找到新的契机重振歌舞伎町。作为国际都市的新宿，为了进一步吸引游客，在新宿东宝大厦低层内配备了东京都内最高级的影院，并有效利用高层部分建设宾馆客房。另外，通过展开三个项目，对歌舞伎町的特有景观进行强化和重构。首先，建设了高130 m

的光之塔，使其作为新宿东口广场中心线上具有强烈吸引力的地标建筑，构成了街区一道新的亮丽的风景线。

　　其次，在拥有970个房间的宾馆的东西外墙面上做出细条状窗户，使其仿佛是一块80 m见方的整块石板矗立在歌舞伎町的上空。抽象化的外观，形成巨大的屏幕，在24小时不眠的街道中展现出来往人们的活力，并与西新宿的超高层建筑群相映生辉。另外，在低层租赁区和通道租赁区外围，环绕装饰有高反射光板组成的银幕，以此呈现歌舞伎町的虚实结合之感。另外，为了实现开放型发展的目标，街区设置了四个具有代表性的入口。1层店铺区位于与迷宫式街道相连的半露天通道，吸引大量人群从此处穿行。

　　以2020年的东京奥运会为目标，东京都整体都在鼓励创造。我们期待东京能成为一座具有独特魅力的城市。

（宫下信显+关谷和则/竹中工务店）

（翻译：周双春）

上：宾馆客房。敞亮的房间外部有许多细条状窗户。部分房间透过窗户可以看到哥斯拉的面部和新宿高层建筑群。
下：30层仅有的一个哥斯拉主题房间。这个房间以哥斯拉的爪子为顶棚，配备透视图景、特殊影像等

成田国际机场　第3航站楼

设计　日建设计
施工　大成建设
所在地　千叶县成田市
NARITA INTERNATIONAL AIRPORT TERMINAL 3
architects: NIKKEN SEKKEI

上：从停机坪看东侧外观。近年来，随着廉价航空公司（LCC）的不断发展，机场内经常出现旅客拥挤等状况。因此，将货物大楼的一半拆除，并使其与第2航站楼北侧连接，建设成LCC专用航站楼。该航站楼为地上4层建筑，国际线与主楼相连，日本国内线通过廊道与卫星式候机楼相连。预计这里的日本国内·国际航线每年客流量可达750万人次，每年飞机起降次数可达5万次（2015年4月数据。另外，成田国际机场2014年的飞机总起降次数约为23万次）

下：从航站楼看廊道。内侧是停车点。廊道高度设计为飞机安全通过高度（高14.6 m）

第2航站楼到第3航站楼的连接通道。两个航站楼间的连接通道高度约2.6 m，宽度约3.5 m，总长约500 m
第3航站楼内设有机场大巴、出租车乘降处，但是未设地铁站或电车站。为减轻乘客在转机等时搬运行李的负担，不仅连接通道的地面采用了田
径比赛跑道专用的塑胶材质，航站楼内的地面也采用了同样的塑胶材质

2层登机大厅。与普通航站楼不同，因为出发和到达的动线在同一层并相互交错，所以用蓝色跑道代表出发，红色跑道代表到达，以此来进行明确区分。乘客沿着跑道可以到达登机口、机场出口或乘坐其他交通工具处，避免在机场内迷路

2层登机大厅，正对面是办理登机手续的前台。为了降低成本，航站楼内没有设置挑空，而是在天花板上大梁的平行方向上设置设备梁，在垂直方向上设置用银色阻燃材料装扮的入管。至小梁处3750 mm（至小梁处）

1层海关检查处。上部的设备梁上安装了空调和标识，设备梁的下部安装照明设备和门照射，也安装了防水标识

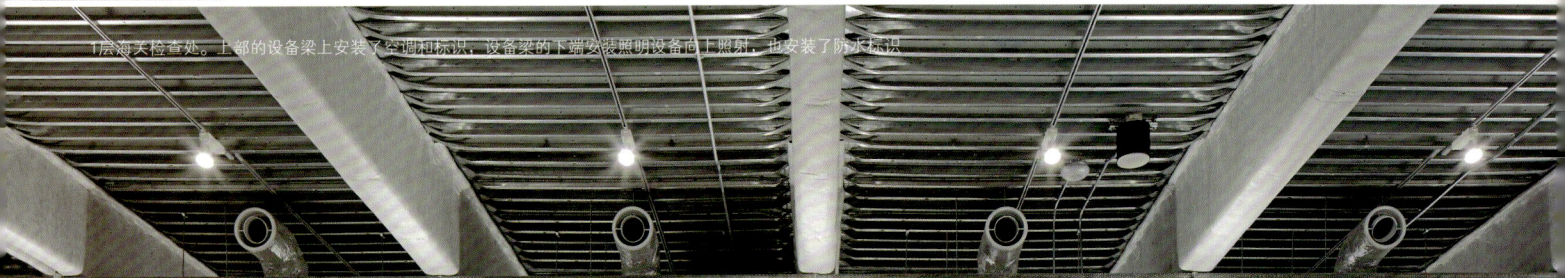

2层店铺前视角。这里是接受安全检查前的空间，出发、到达的乘客可以共同利用这里的商业设施。地面上除了标明出发和到达的动线跑道之外，还标有各种各样的指示信息

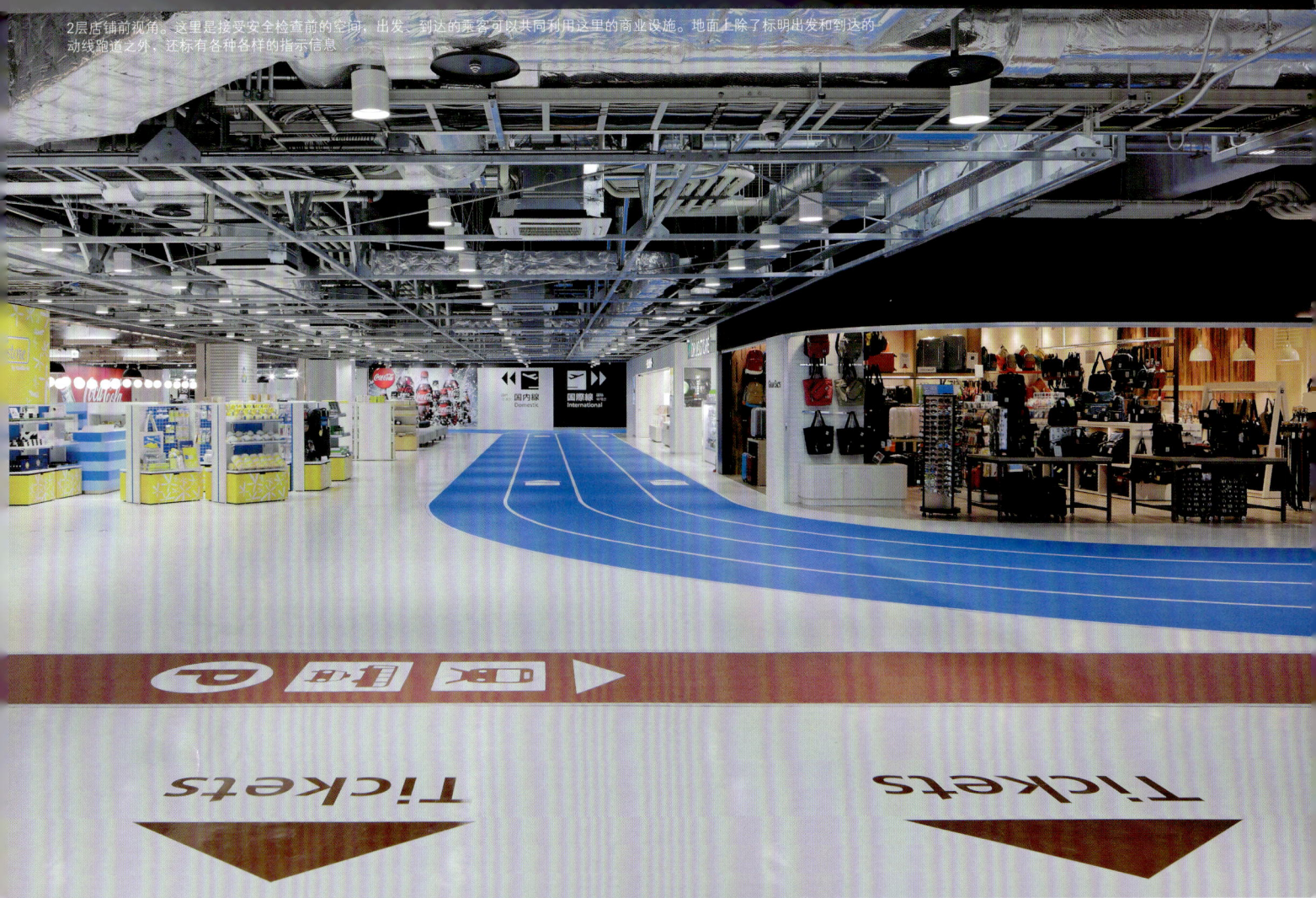

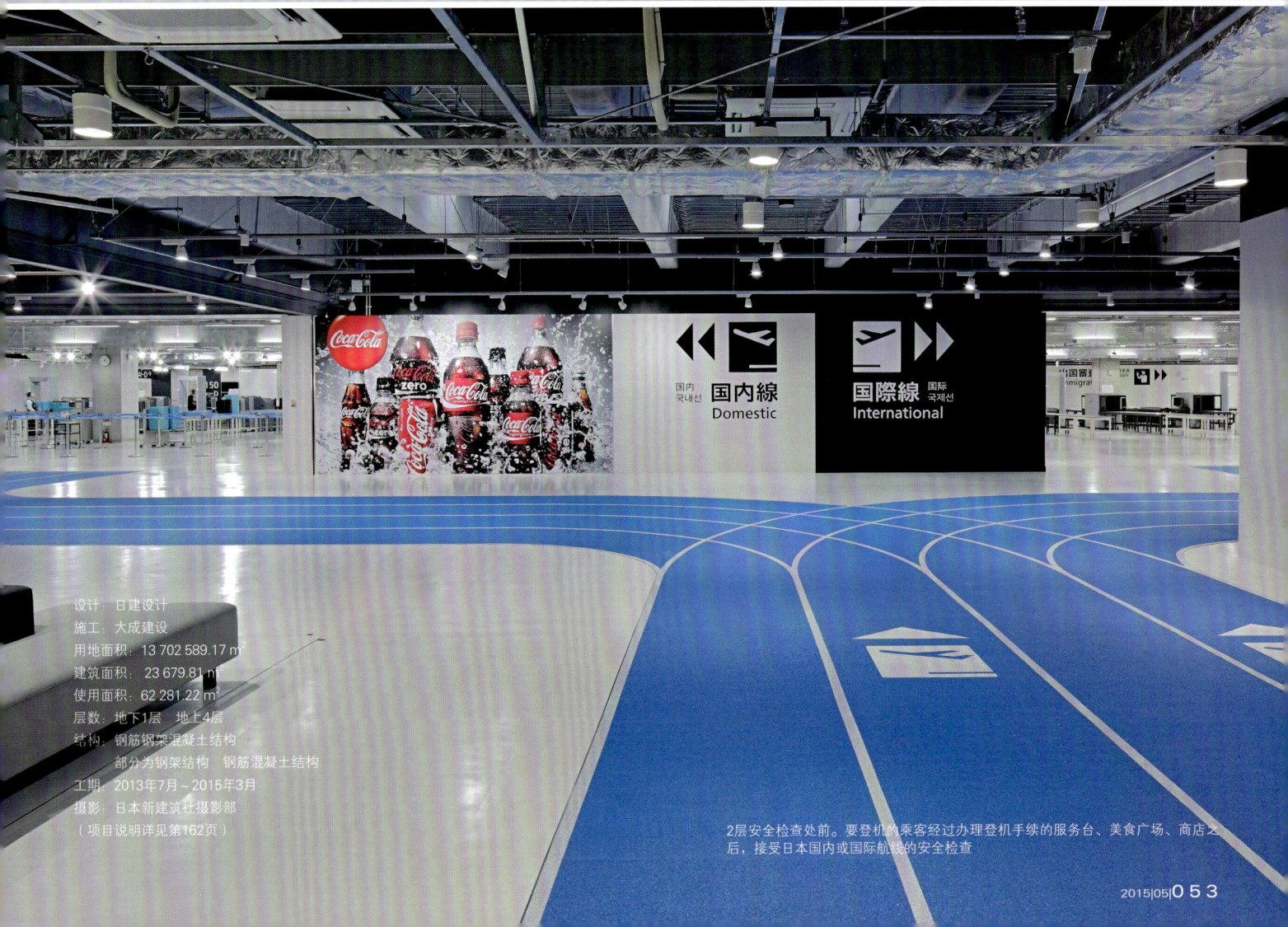

设计：日建设计
施工：大成建设
用地面积：13 702 589.17 m²
建筑面积：23 679.81 m²
使用面积：62 281.22 m²
层数：地下1层　地上4层
结构：钢筋钢架混凝土结构
　　　部分为钢架结构　钢筋混凝土结构
工期：2013年7月～2015年3月
摄影：日本新建筑社摄影部
（项目说明详见第162页）

2层安全检查处前。要登机的乘客经过办理登机手续的服务台、美食广场、商店之后，接受日本国内或国际航线的安全检查

国内航线大厅

国内航线候机室
国内航线到达大厅

免税店区域
机场大巴候车室
机场大巴入口

出境审查处
国内航线安检

登机大厅

国内航线随身行李送达处

剖面图　比例尺 1:11 500

连接通道（详见本杂志 58 页）
到达中央大厅　2013.09
登机中央大厅/候机室　2015.04

增建固定出入口
2016.03

南侧 ANNEX（附属建筑物）
2013.10

第三航站楼
2015.04

T2

T1

成田国际机场 年表
1978.05　第 1 航站楼 开放
1992.12　第 2 航站楼 开放
2006.06　第 1 航站楼 重建
2015.04　第 3 航站楼 开放
2015.04　连接通道 开放
2016.03　增建固定出入口 开放

成田国际机场整体区域图　比例尺 1:40 000

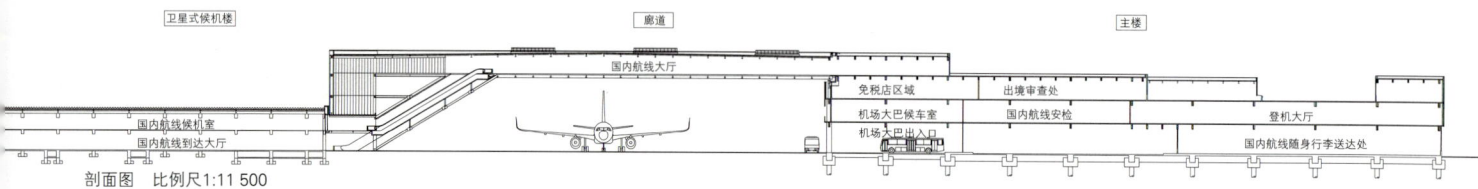

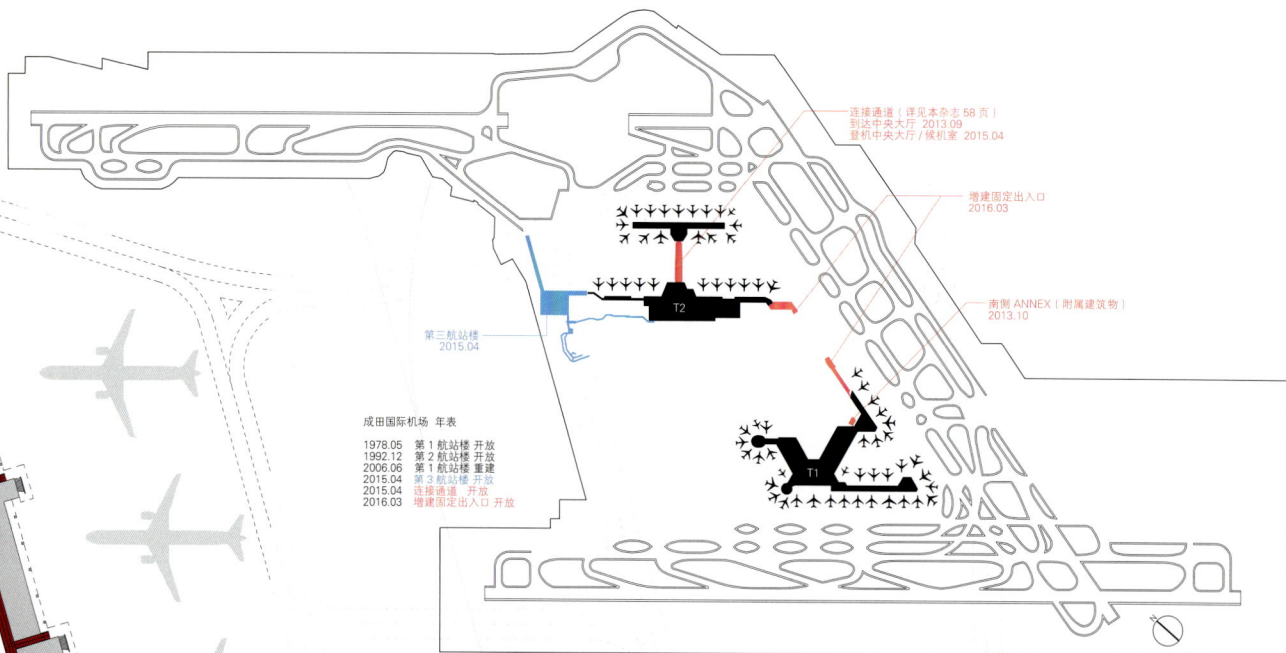

独一无二的体验、人性化的机场

　　成田国际机场可以说是一个尚未竣工的建筑。因为受到国际关系、经济状况、恐怖袭击、航空公司战略等因素的影响，这里一直在不定时地进行翻新和扩建。

　　近年来，机场为了促进LCC的据点化进程，在新航站楼的建设当中，废除短程往返运输工具，铺设长度超过200 m的通道，使得登机口得以延伸。在东日本大地震后，根据相关法律的修改，对顶棚进行加固。通过一系列措施吸引流动人口，不断进行新的拓展。同时，在国内外机场间的竞争日益激烈的今天，不仅要超越那些平淡无奇的机场建筑，在追求外在美的同时，还要通过战略性的设计和规划，力求能够给人们带来独一无二的体验。

　　"成田机场是天空的入口。"

　　如果这些措施能为这句老话带来新的气息，那么这座20世纪诞生的机场建筑，必然能在21世纪获得全新的改变。

（金内信二/日建设计）

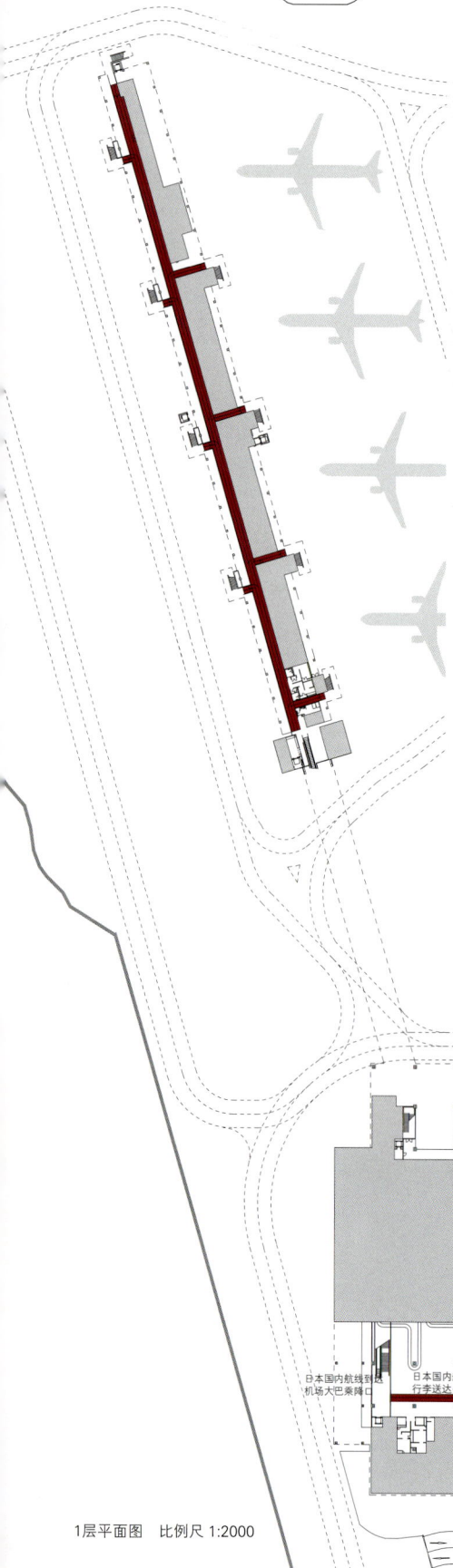

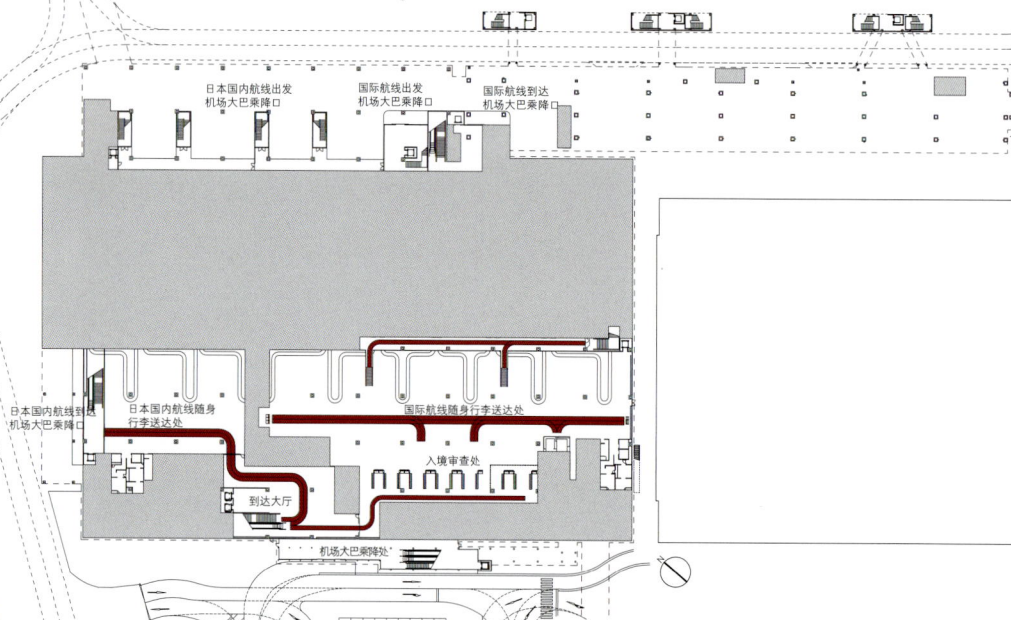

日本国内航线出发
机场大巴乘降口

国际航线出发
机场大巴乘降口

国内航线到达
机场大巴乘降口

日本国内航线到达
机场大巴乘降口

日本国内航线随身
行李送达处

国际航线随身行李送达处

入境审查处

到达大厅

机场大巴乘降口

1层平面图　比例尺 1:2000

4层廊道为日本国内航线出发通道。左侧是到达通道。该廊道与卫星式候机楼和主楼相连，是日本国内航线出发和到达的必经之地

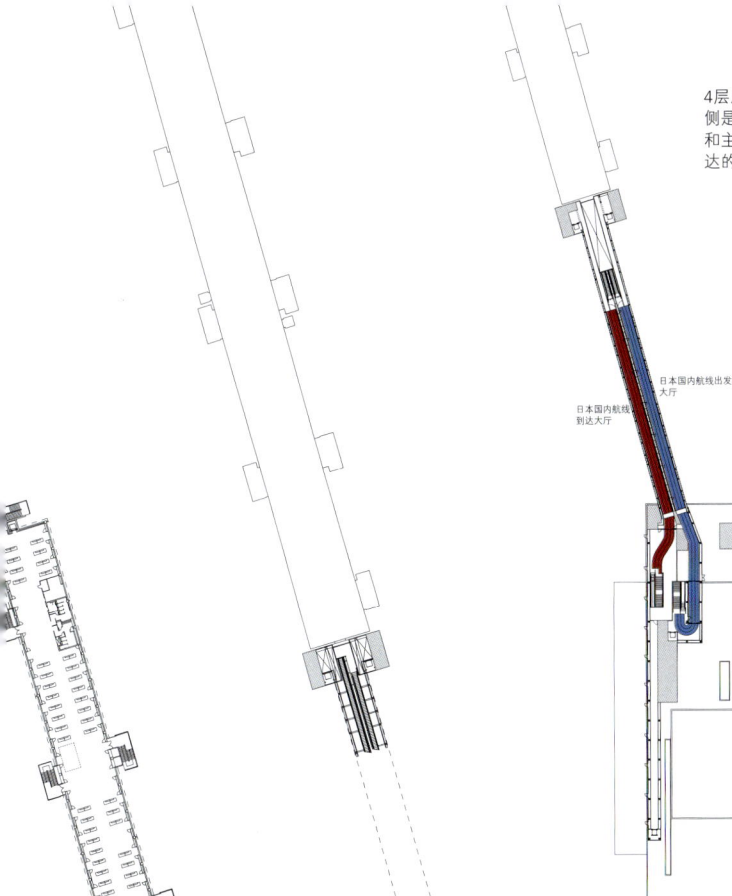

日本国内航线出发大厅

日本国内航线到达大厅

日本国内航线候机室

4层平面图

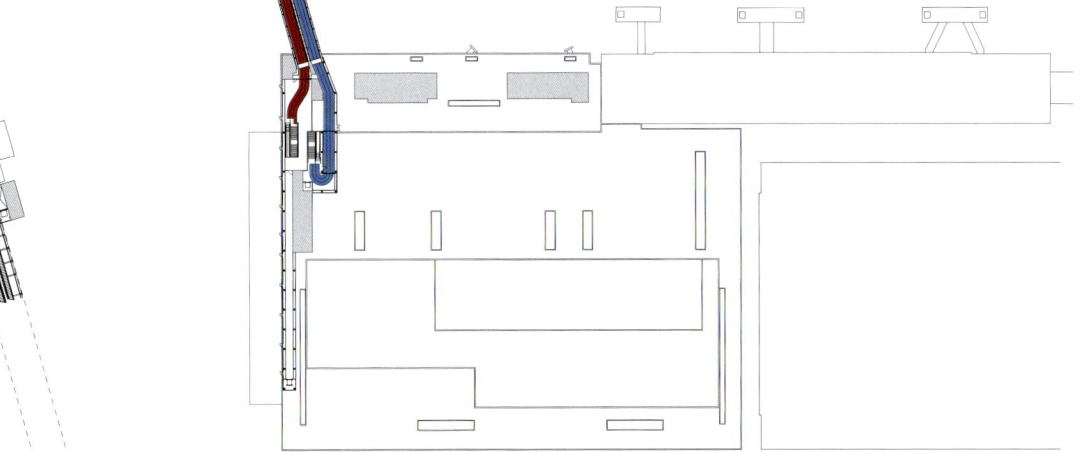

免税店区域

出境审查处

日本国内航线出发大厅

3层平面图

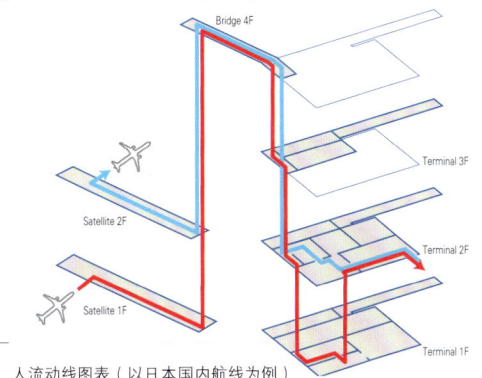

Bridge 4F

Terminal 3F

Satellite 2F

Terminal 2F

Satellite 1F

Terminal 1F

人流动线图表（以日本国内航线为例）

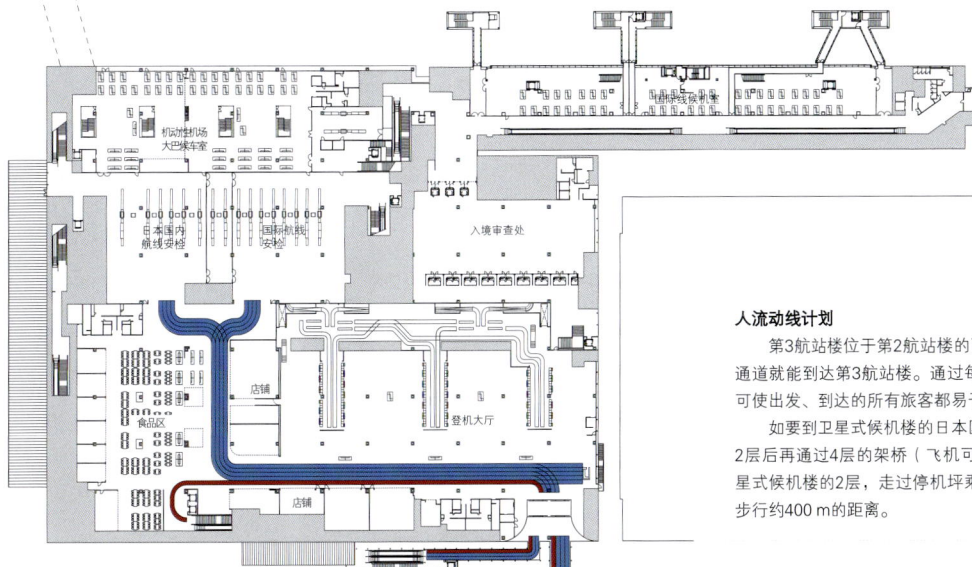

机动性机场大巴候车室

日本国内航线安检

国际航线安检

入境审查处

店铺

食品区

登机厅

店铺

通道方向

2层平面图

人流动线计划

第3航站楼位于第2航站楼的西北方约500 m处，走过半露天的通道就能到达第3航站楼。通过每两层设计一个入口的方式，实现可使出发、到达的所有旅客都易于理解的人流动线计划。

如要到卫星式候机楼的日本国内航线登机口前，需穿过主楼的2层后再通过4层的架桥（飞机可以从下方通过），之后再下到卫星式候机楼的2层，走过停机坪乘机。从安检到最远的登机口，需步行约400 m的距离。

（田中+后藤+本江/日建设计）

2层是机场大巴候车室，出入口设置在东面，这里是第3航站楼内为数不多的可以看到飞机的地方。乘客在出发之前聚集于此，到了规定的时间，膨胀性合金与L形钢铁制成的门自动打开，可乘电梯到1层乘机场大巴。绿色沙发由"无印良品"设计。3个座席合并为1个组合座席，乘客在等车的时间可在舒适的座席上或坐或卧，得到休息和放松

用项目预算的一半资金建设机场

好莱坞明星身穿"优衣库"的衣服绝对不是因为它便宜，而是因为它符合自己的价值观，能够展现出自己的风格。在现如今的时代中，低成本机场到底是什么样的？这是我们提出的问题。

航空业的新潮流是廉价航空。成田国际机场的第3航站楼是为了满足社会需求而建的廉价航空公司专用航站楼。该航站楼以追求低成本为前提，要改变从1980年以来一成不变的传统型机场建筑模式——拥有奢侈的大空间和特殊的造型结构。这不是单纯地追求经济合理性，而是要使旅客在机场的时间真正成为旅行的一部分。

从低成本机场到令人激动的空间

在以前的低成本建筑中缺少的是旅客可以随意活动的"令人激动的空间"，这不是指如主题公园般的偌大空间，而是指可以演绎旅客各自故事的舞台。为了满足旅客不经意间产生的需求，我们要建造出贴近人们生活的建筑。

创造新的空间体验

为了摆脱毫无创新的低成本建筑模式，我们不是仅仅将不必要的部分去除，而是在项目中重点考虑要将多种功能集于一体，通过小型系统的组合来创造新的空间体验。

为此，我们将平行于大梁设置的设备路线进行统一，形成设备梁，并通过对标识、照明、空调管道等进行线状规划设计，为空间构造提供方向性。另外，我们还沿着设备梁方向铺设了能够引导旅客方向和提升步行感觉的田径塑胶跑道。以设备梁和塑胶跑道等小型系统为基础，完成了机场整体的组合建设。以最重要的机场功能——引导旅客为主题，对原来规划散乱的标识、设备、构造、空间等，重新进行综合性设计。

为了降低成本，我们将挑空和出入口最小化。计算出最合适的结构跨度为12.5 m。和以前的机场建筑相比，由于小空间视野不好，所以需要建立拥有直观可识别路线的系统。因此，利用设备梁使机场从大型天花板中解放，将覆盖金属的小梁作为照明的受光面。其下铺设8 mm厚的塑胶，建造一条真正可以跑着通过的通道。

集约化所带来的经济合理性，可以缩短旅客与空间的距离，建设出人性化的机场。从超越人们认知的大型系统构成的机场过渡到人人都能认知的由小型系统构成的机场。如果利用这样的小型系统，能够建设一个令人激动的机场的话，那么利用低成本建设的这座新的航站楼，就不是一个另类设计，而是一个展现未来机场面貌的设计典范。

（田中涉＋后藤崇夫＋本江康将/日建设计）

（翻译：周双春）

左上：由"无印良品"设计的宽900 mm、长1800 mm 的沙发长椅/ 左下：安装在设备梁上的防水标识。由下面的灯光照亮，易于更换/ 中上：卫星式候机楼2层的候机室。中下：卫星式候机楼1层的到达大厅/ 右上：可自由使用的美食广场，这里使用的家具也由"无印良品"设计/ 右下：1层国际航线随身行李送达处

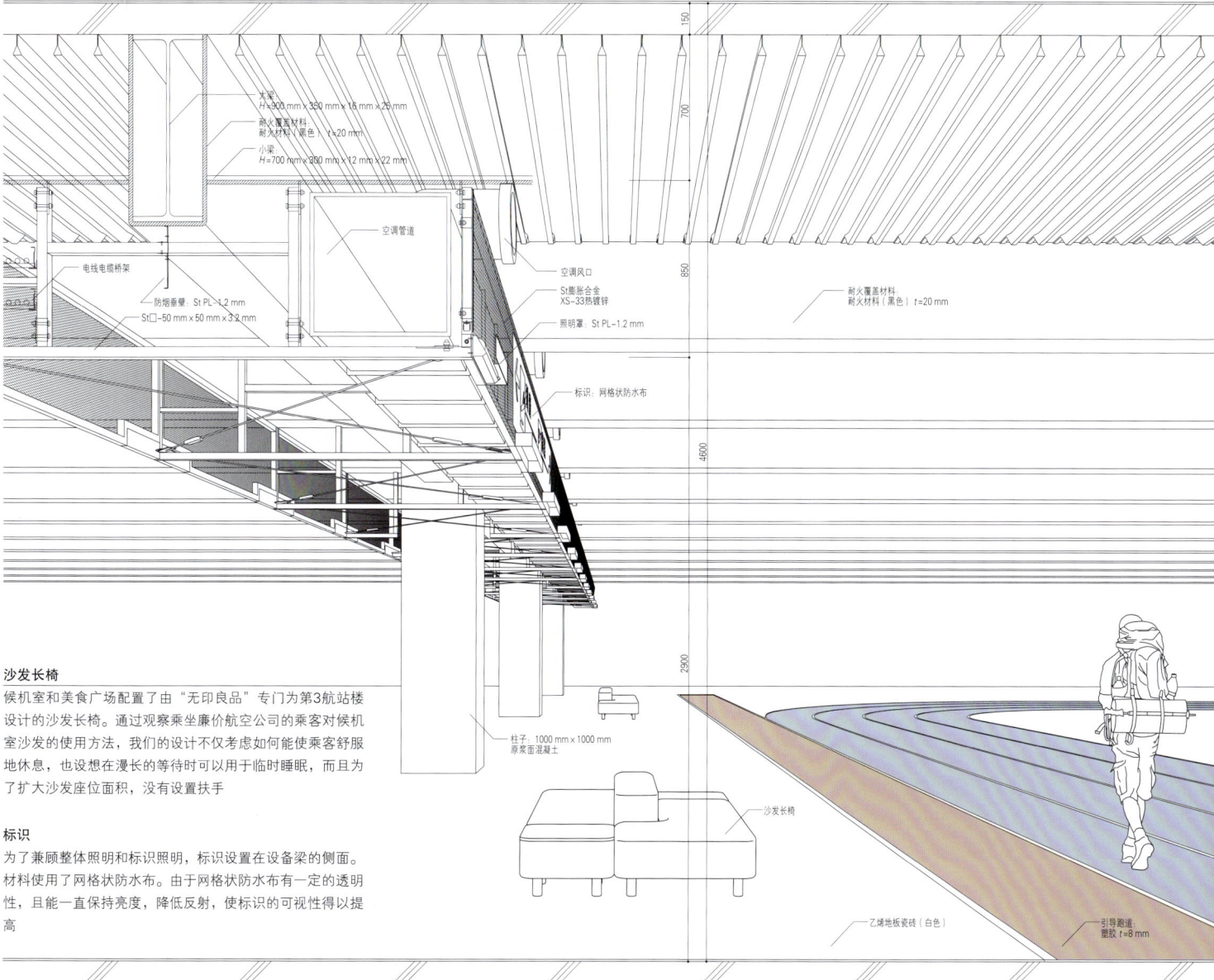

沙发长椅

候机室和美食广场配置了由"无印良品"专门为第3航站楼设计的沙发长椅。通过观察乘坐廉价航空公司的乘客对候机室沙发的使用方法，我们的设计不仅考虑如何能使乘客舒服地休息，也设想在漫长的等待时可以用于临时睡眠，而且为了扩大沙发座位面积，没有设置扶手

标识

为了兼顾整体照明和标识照明，标识设置在设备梁的侧面。材料使用了网格状防水布。由于网格状防水布有一定的透明性，且能一直保持亮度，降低反射，使标识的可视性得以提高

登机大厅剖面透视图　比例尺 1:30

成田国际机场　第2航站楼联络通道

设计　日建设计·梓设计共同合作
施工　大林组
所在地　千叶县成田市
CONNECTING CORRIDOR BETWEEN MAIN & SATELLITE BUILDINGS OF TERMINAL 2 IN NARITA INTERNATIONAL AIRPORT
architects: CONSORTIUM OF NIKKEN SEKKEI, AZUSA SEKKEI

广场式的休息区与舒适的大厅

　　亚洲的大型航站楼中，主流设计是尽量减少远距离出入口，建设通道向多处延伸。在另一方面，成田国际机场废除了连接第2航站楼与卫星式候机楼的短程往返运输工具，设置长约220 m的通道，并新设计出可为出发旅客带来附加价值的空间，这是一个不受特定功能束缚的广场式空间。早在推算规模阶段，就在航站楼功能面积当中留出余白部分，将其用作此空间的建设。在出发大厅·休息区（PHASE-2），本应设置咖啡厅和小憩空间等功能性场所，但是为了营造广场一样轻松的氛围，我们根据旅客的可支配时间进行分区规划，调节光线及视野，打破了一成不变的机场空间设计模式。尤其是为使过境旅客恢复体力，还设计了有自然光的空间，以保持室内外的连续性，使过境旅客得到身心的休息。

　　旅客下飞机后到达通道（PHASE-1），虽然仍要步行很长一段距离才能到达出口，但可渐渐感受到走出飞机的畅快感与落地的踏实感。旅客可一边从机场的眺望窗中眺望飞机一边走。白天用高反射性光板使之充满自然光，到了夜晚，飞机交错飞过时的灯光为空间营造舒适的氛围。在这样的空间当中，我们将努力为旅客带来美好的体验，使他们对日本留下美好难忘的印象。

（金内信二+三轮浩明/日建设计）

（翻译：李经纬）

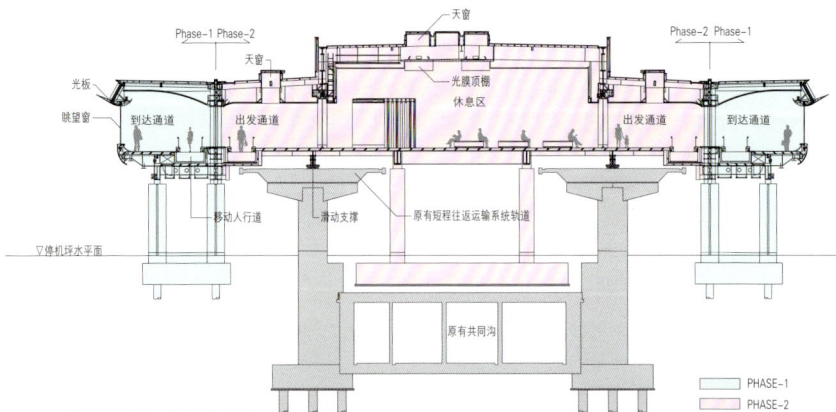

横向剖面图　比例尺1:500
在原有短程往返运输设备两侧增建PHASE-1后，在其轨道上方增建PHASE-2。为安装无柱眺望窗，PHASE-1使用格构框架结构。PHASE-2通过滑动支撑与短程往返运输设备轨道相连，同时也与PHASE-1的框架结构相连。水平负载不用原有的短程往返运输设备轨道承担，而是由包含PHASE-1在内的新设计的框架承担

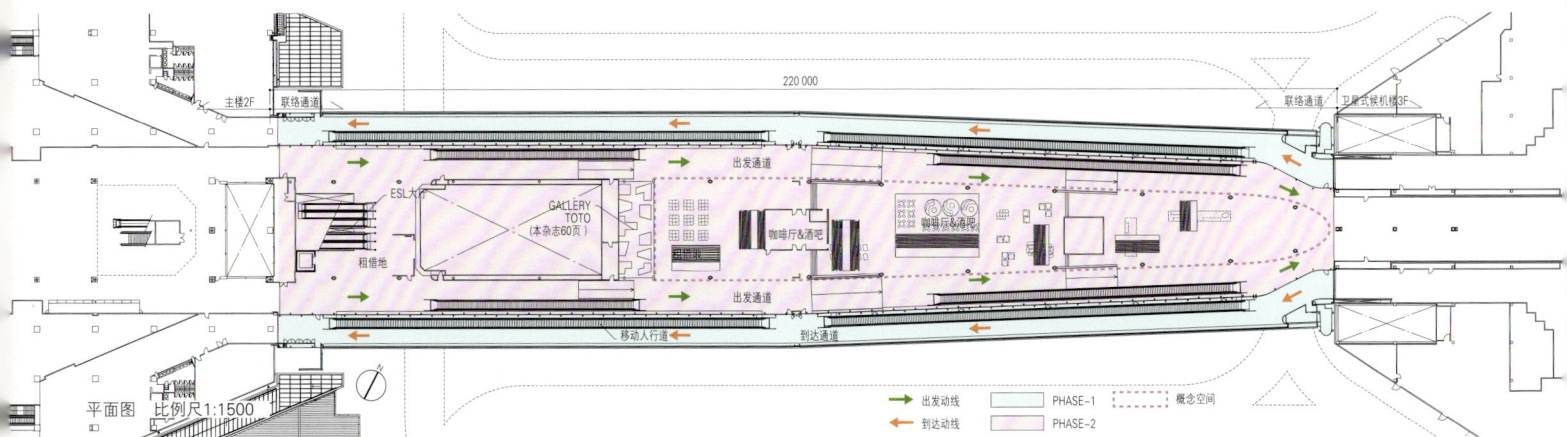

平面图　比例尺1:1500

设计：整体规划：成田国际机场
建筑·结构·室内空间：日建设计
设备：桢设计
室内空间（休息区）：乃村工艺社SPACE DESIGN
施工：大林组
用地面积：13 702 589.17 m²（机场整体）
建筑面积：4 377.58 m²（PHASE-1） 5 388.51 m²（PHASE-2）
使用面积：3 591.54 m²（PHASE-1） 6 796.02 m²（PHASE-2）
层数：地上3层
结构：钢架结构 一部分为钢架钢筋混凝土结构
     钢筋混凝土结构
工期：2012年3月~2013年9月（PHASE-1）
     2013年9月~2015年4月（PHASE-2）
摄影：日本新建筑社摄影部
（项目说明详见第162页）

到达通道视角。长约220 m的联络通道中间，有出发通道和休息区，两侧有两条到达通道。到达动线与出发动线相邻，中间仅隔一层玻璃，将直径为250 mm的钢架柱在各通道交错配置，使其不遮挡水平方向的眺望视线。为防止玻璃成像，通道的照明设置在很低的位置，仅仅隐约照亮地面部分

左上：休息区视角/左下：休息区。以日本特有的格子、四季感、水平垂直方向的美感以及距离感为设计主题，完成日本式的室内空间设计/右上：休息区。在咖啡厅、小憩空间等地方，使用天窗、光膜顶棚，打造令人放松的空间/右下：东侧看第2航站楼外观。短程往返运输轨道上，设置了连接第2航站楼主楼和卫星式候机楼的联络通道

GALLERY TOTO

设计　KLEIN DYTHAM ARCHITECTURE
施工　TOTO Engineering

所在地　千叶县成田市
GALLERY TOTO
architects: KLEIN DYTHAM ARCHITECTURE

向世界展示日本卫生间

　　成田国际机场在将第2航站楼内的联络通道打造成宽敞的大空间时，也有将日本的卫生间文化·技术能力展示给全世界的想法。

　　同样，TOTO（生产、销售民用及商业设施用卫浴、洁具及相关设备的日本公司）也有着让全世界人民更了解以温水冲洗马桶（washlet）所代表的日本卫生间文化的想法。带着这种想法，TOTO与成田国际机场共同打造了这个卫生间。

　　我们不仅要设置最新、最高级的卫生间，还要在整体上提供一种蕴含新时尚的卫生间。因此，我们将设计委托给了能够充分融合东西方文化与感性的建筑工作室——KLEIN DYTHAM ARCHITECTURE。在玻璃环绕的卫生间空间当中，分散设置了形状各异的十个单间，前所未有的开放性优质公共卫生间由此诞生。

　　　　　　　　　　（桥田光明/TOTO媒体推进部）

设计：建筑：KLEIN DYTHAM ARCHITECTURE
　　　设备：TOTO Engineering
施工：TOTO Engineering
使用面积：138.00 m²
工期：2015年1月~2015年3月
摄影：日本新建筑社摄影部
（项目说明详见第163页）

霓裳屏近景。在60 mm的LED上面粘贴纺织物，形成一种朦胧感。从间隙当中可越过玻璃看到内部的等待区

入口视角。每个白色墙壁的单间平面形状各异，随机配置。单间当中也可洗手，形成开放、抽象的内部空间

全景图。在成田国际机场第2航站楼联络通道内设置的体感型卫生间中，男、女卫生间各有四间，另有多功能卫生间、哺乳室。各单间面向外部的墙壁上有宽840 mm~1200 mm、高2220 mm的大型LED镶板——霓裳屏，可以呈现如梦似幻的动态图像

设计卫生间

用世界上独一无二的、令人难忘的卫生间体验，迎接来自世界各地的游客。

关于公共卫生间这一私密空间的新形式，我们提出了大胆的方案。我们想要在玻璃环绕的开放空间中，设置白色小间，使之如雕刻般树立，形成如美术馆一样的艺术空间。单间墙面上安装有大型LED镶板——霓裳屏，其上覆盖纺织物，通过放映美妙的影像，使匆忙赶路的人不由得驻足而观。

各小间内都安装了最新的卫生设备，墙壁上贴有大幅照片，使人们在卫生间内也可欣赏风景。为使人度过无聊的等待时间，门上的时间计数器像沙漏一样时刻变化，给人带来许多乐趣。

（KLEIN DYTHAM ARCHITECTURE）

（翻译：李经纬）

单间内部。墙壁上贴有经过画报式处理的世界名胜的照片

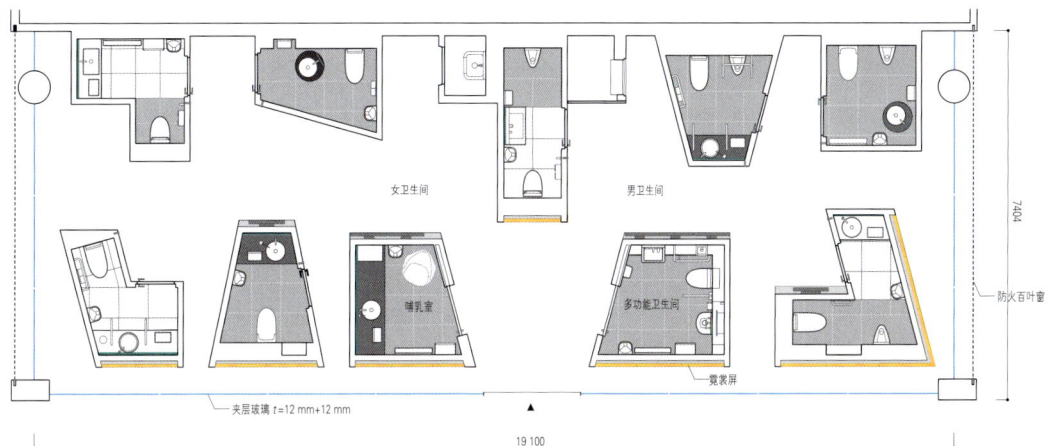

平面图　比例尺1:150

清水建设技术研究所
先进地震防灾研究楼

设计施工　清水建设

所在地　东京都江东区

ADVANCED EARTHQUAKE ENGINEERING LABORATORY
INSTITUTE OF TECHNOLOGY, SHIMIZU CORPORATION
architects: SHIMIZU CORPORATION

从技术研究所生物小区看研究楼北侧外观。研究楼位于技术研究所的中央，是研究所中期设施建设规划项目的一部分。在这里，主要进行关于建筑物的地震应对性能以及防灾性能的检验和研究，还负责对研究成果的公布和防灾对策的指导

位于1层的实验室。地上2层以及地下2层都采用了钢架结构。在实验室里，有可以进行3次元振动的大振幅振动台（左），还有可以再现世界范围内地震摇晃状况的高加速度大型振动台（右）。贯穿南北方向的玻璃荧光屏由跨度约为27 m的钢制框架构成。上部采用的是半透明乳白色的夹层玻璃，在平常使用时可以通过控制透光率来实现自然采光。2层公开实验室的地板由上部的X形架构和中央部分的连杆支撑

位于2层的展厅。在这里可以一览无余地看到大型振动台的实验对象物（最大高度设定为10.5 m）。玻璃高度为3650 mm

东北方向低层的黄昏景象。从生物小区的入口进去，越过接待室可以一览实验室的景象。因为面向生物小区，所以对低层部分的墙面进行了绿化

创造新价值

东日本大地震发生后，地震成为整个日本社会共同关注的课题。构筑一个安全、安心的社会基础，是我们建筑从业人员的崇高使命。先进地震防灾研究楼是一个实验设施，这里有两个振动台，分别是大型振动台（爱称：E-Beetle）和大振幅振动台（爱称：E-Spider）。E-Beetle的加振台尺寸为7 m×7 m，可以再现地震摇动加速度和2.7 G（水平、35t搭载时）/±80 cm（水平）的位移，可再现世界范围内地震的摇动状况。E-Spider的加振台尺寸为4 m×4 m，可以再现最大振幅为±150 cm（水平）的长周期地震。通过合理利用这些振动台，可研究出东日本大地震时受到重大损坏的材料和设备的毁坏过程。 如此一来，不但可以开发出更坚固的构件材料，还可以开发出更高端的地震防灾技术。

技术研究所中央是一片绿色萦绕的生物小区。我们把先进地震防灾研究楼设计在这个颇具创造潜力的地方。两个振动台面向生物小区并列而立，通过这种高透明性的开放式结构，研究楼不但成了面

北侧俯瞰图。深处为丰洲

向社会的"技术展厅"，也是一个可以饱览大自然风光的绝佳场所。

（神作和生+伊藤智树+大桥一智/清水建设）

（翻译：高思阳）

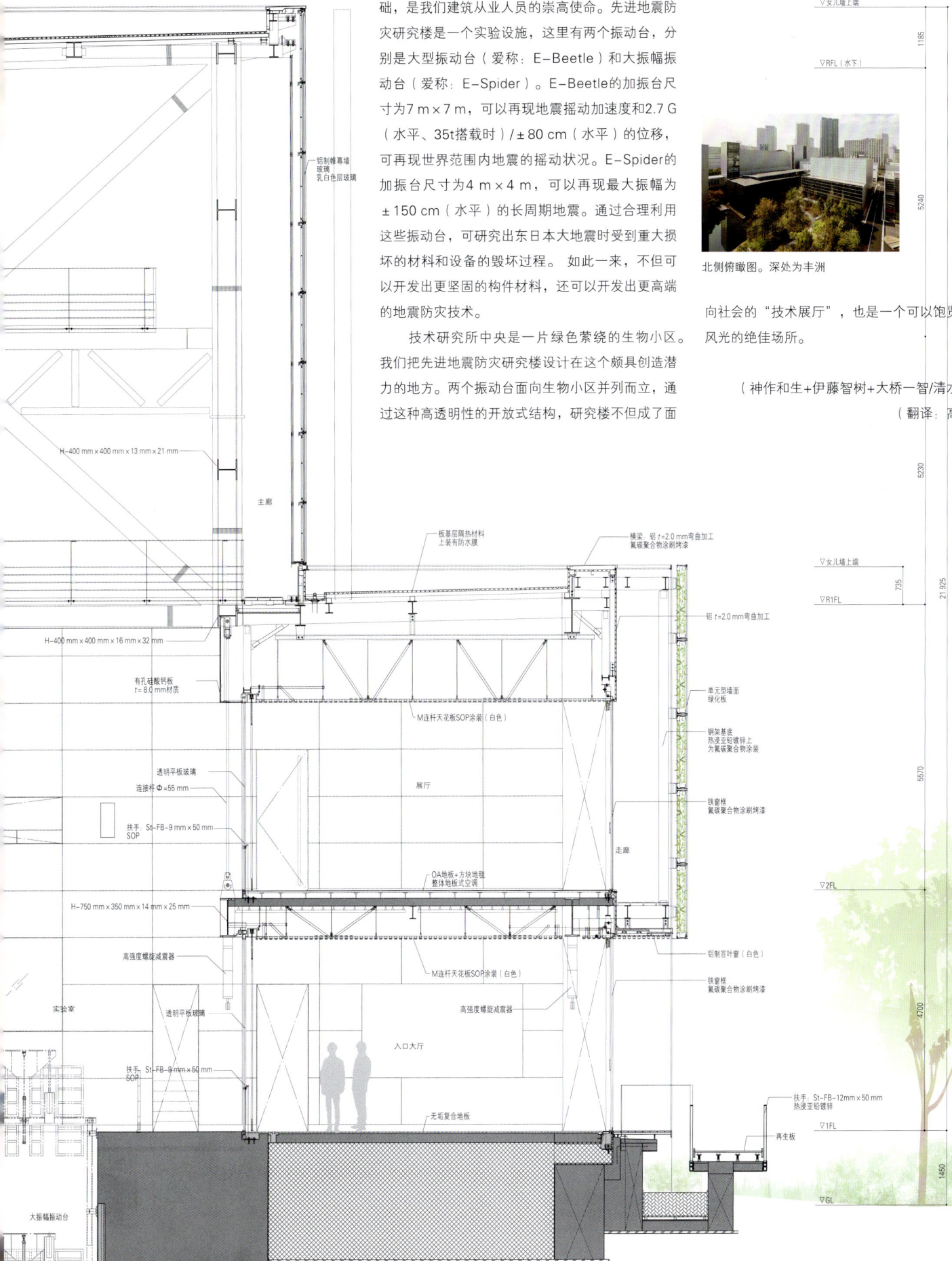

北面剖面详图　比例1:100

位于1层的入口大厅。为最大限度确保其面向生物小区一侧的透明度，采用大跨度构架设计，并在楼板上安置张弦梁结构回转式惯性减震器，可以有效减小地板的振动幅度

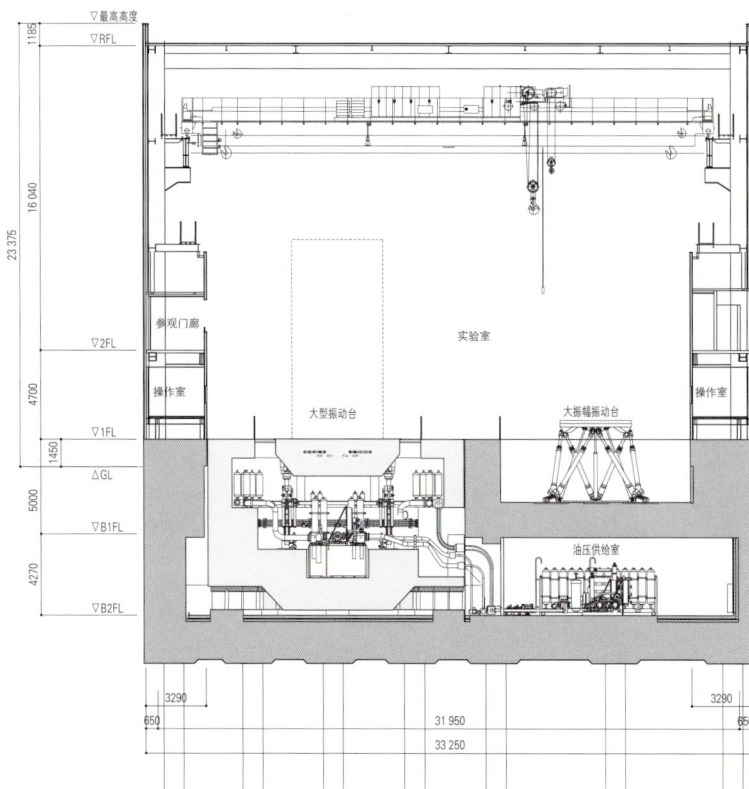

设计施工：清水建设
用地面积：21 135.14 m²
建筑面积：1157.72 m²
使用面积：2181.40 m²
层数：地下2层　地上2层
结构：地上部分　钢架结构
　　　地下部分　钢筋混凝土结构
工期：2013年6月~2015年1月
摄影：日本新建筑社摄影部
（项目说明详见第164页）

剖面图　比例尺 1:400

左・右下剖面图片提供：清水建设

左：大型振动台（E-Beetle）
进行振动实验时的景象
右上：从操作室监控实验进程
右下：搭载在大振幅振动台（E-Spider）上的客舱。在这里，访客们可以体验真实的地震摇动

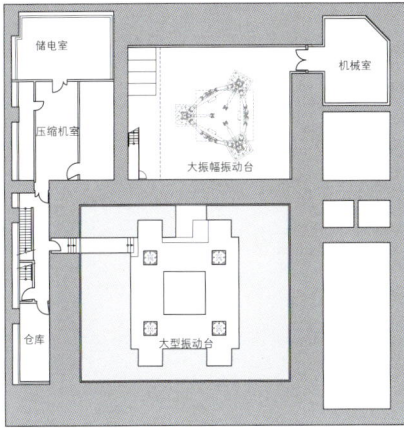

地下1层平面图

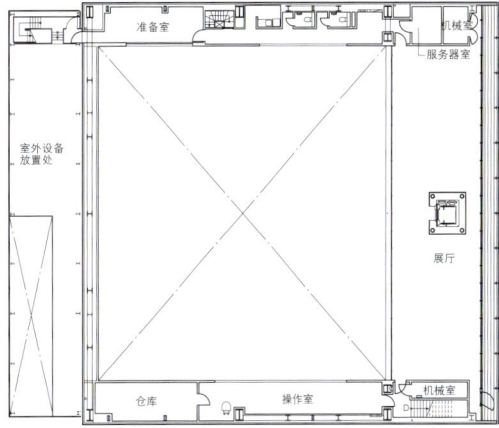

2层平面图

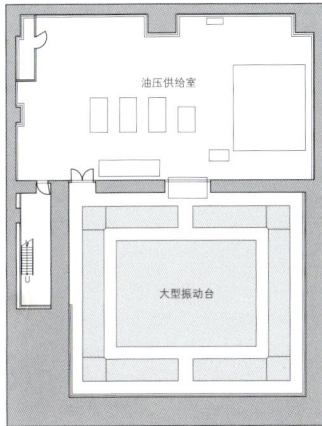

地下2层平面图

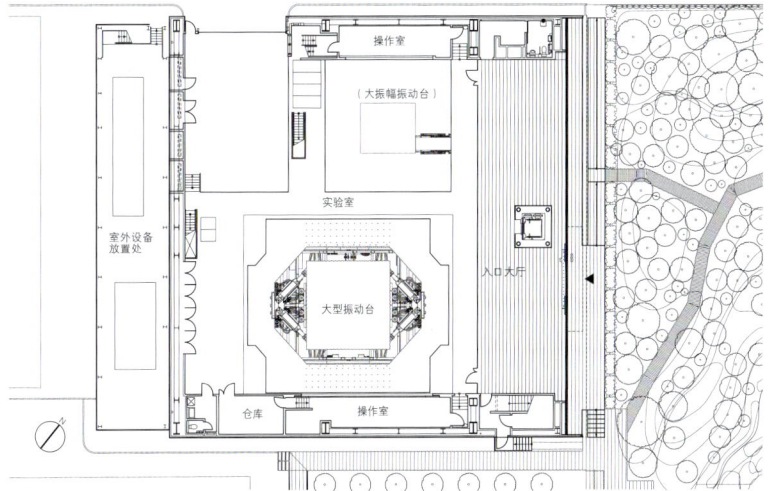

1层平面图　比例尺1:600

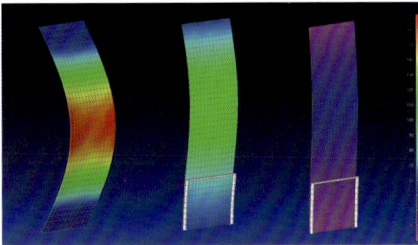

进行振动实验时，玻璃荧光屏的解析案例
在使振动台底基上浮时，玻璃荧光屏几乎不会产生振动，这样可以在不影响访客的情况下进行实验。
左：无中间点支撑　中：有中间点支撑（振动台底基着床时）
右：有中间点支撑（振动台底基上浮时）

玻璃荧光屏的振动分析

在进行加振实验时，是无法完全避免建筑物本身的振动的。基于这一事实，为确保实验室与访客接待区域之间的视野透明度，采用上下两边都有支撑的玻璃荧光屏。然后，我们对2层部分的振动情况进行了分析，发现高度为3.65 m的玻璃本身的共振频率较低，容易与建筑物引起共振。

于是，我们在高于地面900 mm的扶手位置上采用了EPG建筑方法，即用两点将玻璃屏支撑起来，以确保其有足够的刚性来避免共振现象。

（大桥）

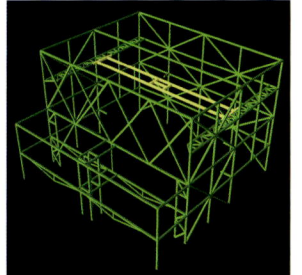

2层地面的固有模式解析图。通过回避建筑物的固有周期以确保其刚性，实现玻璃荧光屏的设计构想

上：通过3D打印机进行形状研究
右：回转式惯性减震器特写。仔细观察减震器的中央部分，控制振动的锤状物（红色部分）显得尤为突出，可谓本设备的一大特色

大跨度构架以及减小地面振动幅度的举措

为体现出减震器的张弦梁结构，我们就如何简化构建材料进行了反复探讨。通过3D打印的细节查证和检验，最终确定了设计形状

实验室。1层分岔口往里便是操作室

智能社区的实现

与时俱进的能源管理系统

清水建设

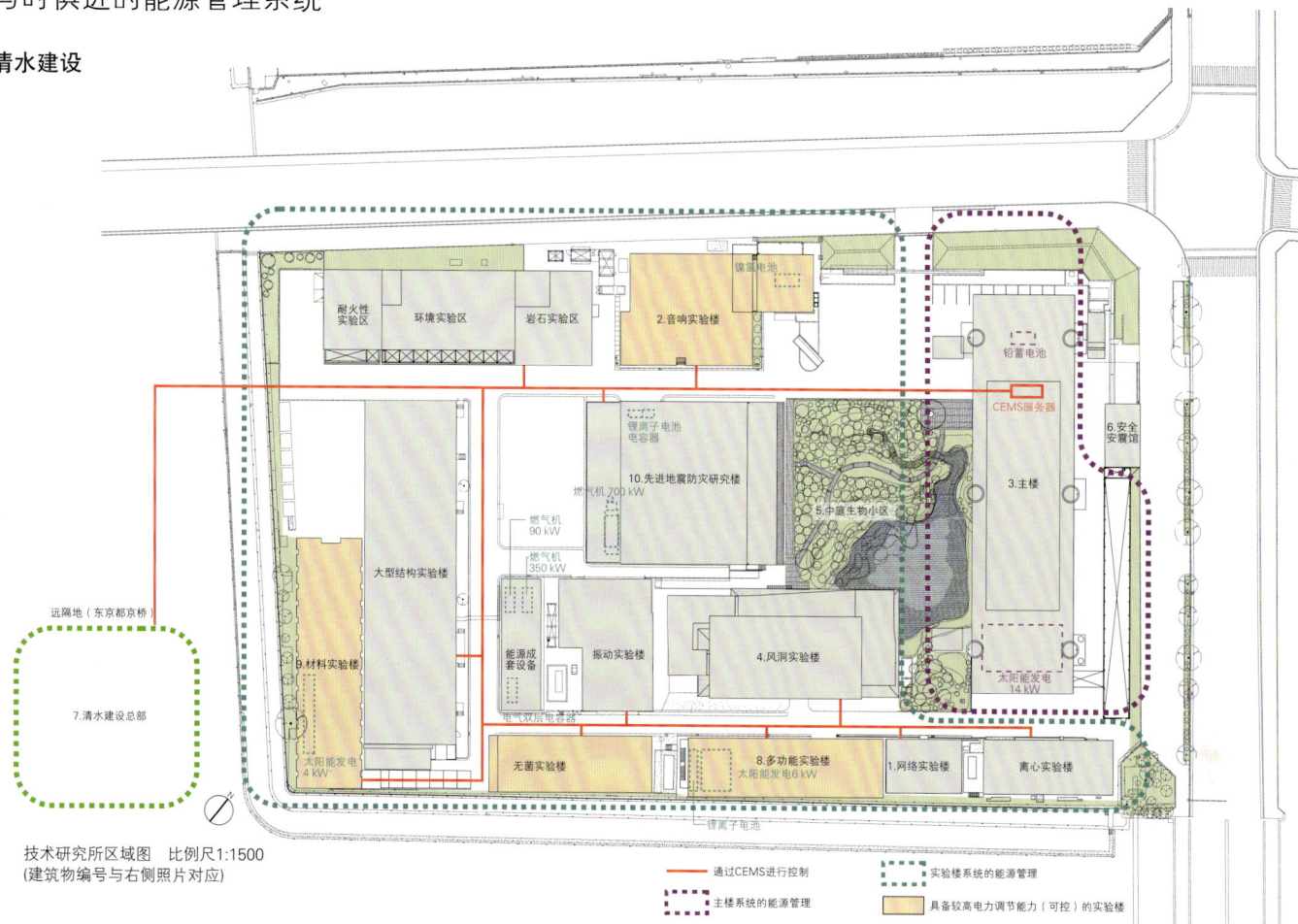

技术研究所区域图　比例尺1:1500
（建筑物编号与右侧照片对应）

图中建筑标注：
耐火性实验区　环境实验区　岩石实验区　2.音响实验楼　镍氢电池
锂离子电池电容器　10.先进地震防灾研究楼　5.中庭生物小区　3.主楼　铅蓄电池　CEMS服务器　6.安全安震馆
燃气机 700 kW　燃气机 90 kW　燃气机 350 kW
大型结构实验楼　能源成套设备　振动实验楼　4.风洞实验楼　太阳能发电 14 kW
远隔地（东京都京桥）　9.材料实验楼　电气双层电容器
7.清水建设总部　太阳能发电 4 kW　无菌实验楼　8.多功能实验楼 太阳能发电6 kW　1.网络实验楼　离心实验楼
锂离子电池

— 通过CEMS进行控制　　---- 实验系统的能源管理
---- 主楼系统的能源管理　　具备较高电力调节能力（可控）的实验楼

1.在各楼间调整电力需求与供给——技术研究所

实验楼和总部的合作

东京都江东区的技术研究所为了在多个建筑物间运用综合能源的管理技术，阶段性地扩大了能源管理对象的规模。2012年为了使实验顺利进行，我们使较容易进行电力调整的主楼和较难进行电力调整的实验楼相互配合，通过控制峰值电力进行能源管理的实证与检验。

2013年，实验楼的数量扩大到12栋，其中4栋电力调整功能较高，8栋没有电力调整功能。从2014年开始，除了研究所的建筑之外，还将位于较远地带的清水建设总部大楼（中央区京桥）纳为管理对象。通过中期整治，2012年以后的新型实验楼在逐步投入使用，通过综合能源管理，靠以往最大需求电力（与2010年相比）的70%就可实现电力运营。

利用智能BEMS、CEMS控制设备

为了实现区域整体性和每个建筑物间的能源供需最优化，与单独的建筑能源管理系统（智能BEMS）相区别，我们导入了在综合管理整体能源方面更先进的能源管理系统（CEMS）。CEMS在预测区域整体的电力需求、热需求的基础上，优化了建筑群的共用电源和共用热源的运行时间表。同时，还对每个建筑物提出控制峰值和调峰的相关要求。安装了智能BEMS的各建筑物根据能源管理系统的要求，调整建筑内部的电源和负载设备的运作，同时实现整体管理和局部管理。

（下田英介/清水建设）

电力（kW）

技术研究所　峰值电力的变化
该图表是东日本大地震灾害发生前2010年到2013年的最大需求电力变化。由于中期整治，2013年新增的两栋实验楼（总面积约5500 m²）投入使用，增加了约150 kW的电力需求。但是，通过使用多建筑的综合能源管理系统，维持了与上一年水平相当的峰值电力

CEMS（地区管理）

电力消耗量（多栋建筑合计量）　DR要求（电力削减量 模式）
DR执行可能量（多栋建筑合计量）

智能BEMS（多建筑管理）　　DR控制

发挥控制作用的必要信息根据设备不同而各不相同。CEMS及智能BEMS根据对象设备进行信息的加工与转化，最终实现控制作用

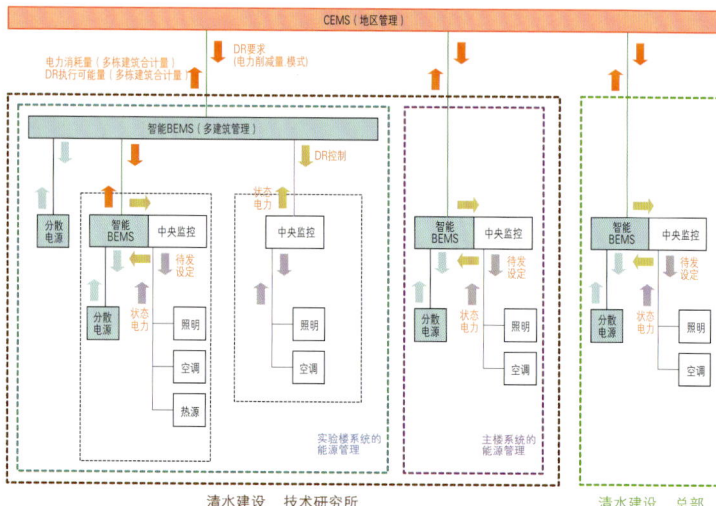

分散电源　智能BEMS　中央监控　待发设定　状态·电力　中央监控　待发设定　智能BEMS　中央监控　待发设定　智能BEMS　中央监控　待发设定

照明　空调　热源　照明　空调　分散电源　状态·电力　照明　空调　分散电源　状态·电力　照明　空调

图例：
微型电网控制 发电量、状态
电力需求响应的要求 电力消耗量、DR执行可能量
电力需求响应的控制 电力消耗量、DR执行可能量
待发 状态、电力消耗量

将技术研究所与总部进行综合管理的CEMS

实验楼系统的能源管理　　主楼系统的能源管理

清水建设　技术研究所　　　　清水建设　总部

1.网络实验楼（1998年）2.音响实验楼（2001年）3.新主楼（2003年）4.风洞楼（2005年）5.中庭生物小区（2005年）6.安全安震馆（2006年）7.总部（2012年）8.多功能实验楼（2013年）9.材料实验楼（2013年）10.先进地震防灾研究楼（2015年/详见本杂志62页）

技术研究所俯瞰图（2014年10月拍摄）。中央的建筑是先进地震防灾研究楼

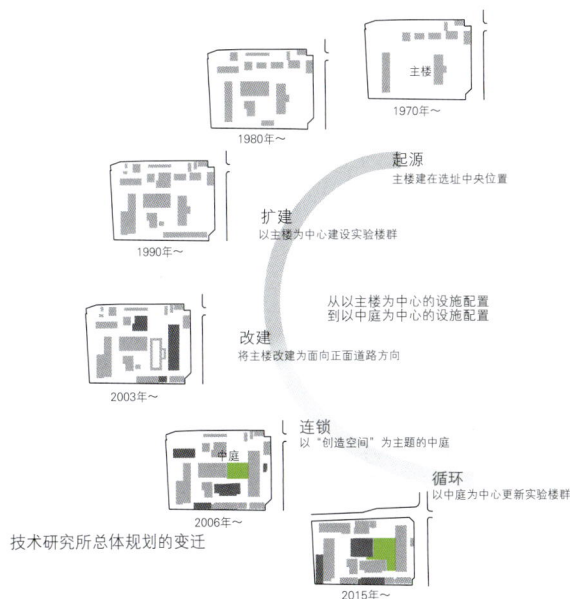

技术研究所总体规划的变迁

作为新型技术的实证检验和信息发送场所的技术研究所

日置滋（清水建设 常任顾问）

向城市型技术研究所的模式转变

20世纪90年代后期，通过灵活运用企业的经验，以积极融入社会为目标，技术研究所以客户为本，建设响应社会需求的城市型研究所。到目前为止，改变了以旧主楼为中心的"等级制度结构"配置，使多个研究楼呈环状连接，力求转换为随时可以更新的具有可持续性的"连锁结构"。即针对以中庭为核心展开的实验楼群，采取拆旧改建或更新的方法，进行先端的研究和实验。另外，面向正面道路而建的新主楼，发挥着新型技术的实证检验和将信息传递给社会的作用。

自采取这种转变模式至今，建筑所处环境经历了东日本大地震的灾害和其带来的电力短缺等

状况，面临着不得不大刀阔斧进行改革的问题。本技术研究所根据构想，较早规划建设了先进的实验设施，并通过与顾客和社会的联合创新，提供了顺应时代要求的方案。尤其是将日常环保节能（eco）与BCP相结合的"ecoBCP"作为重要课题，实现了自立型环境和防灾设施相结合。另外，在本技术研究所内，从建筑级别至城市级别的能源管理技术也已获得证实，并在实际中得以运用。

今后将顺应时代的发展进行新型技术的开发，比如应对超高龄化社会的无障碍设施研发技术，或者提高生产性的ICT活用技术等。今后，技术研究所也将在改革的道路上不断前进。

宽松的设计规范

建筑群的构成和一般的总体规划不同，对形态设计等的规范仅限于墙面线的统一等方面，标准并不严格，而且形态全由功能来决定。因此，风洞实验楼、安全安震馆等建筑在展示独特的形态、发挥最大功能的同时，也彰显出技术研究所的特点。先进地震防灾研究楼的竣工代表了中期整治的顺利完成。同时，向以中庭为中心的设施配置的转换又迈进了一步。中庭生物小区历经10年的发展，它已经成为一处无论何时都使人感到舒适的、必不可少的空间。

2.与政府（日本）合作，在现有市区内建设智能社区——绿洲芝浦

大型智能社区的实现

该项目选址位于JR山手线田町车站东南处，将有公路穿过的3处用地同时进行开发建设。将3处用地的3栋楼所组成的建筑群之间进行电力、热能的相互流通，这在日本尚为首例。为了节省能源和提高防灾性能，我们采用CEMS综合管理这一建筑群。

最大限度利用3栋建筑同时开发的优势，且为了使能源运用具有灵活性，在提案建设智能社区的同时，也确定了让3栋建筑共用抗灾性能强的中压天然气热电联供系统。热电联供产生的余热也可以得到有效利用，如用于办公室干燥剂冷却空调的热源和住宅的热水供给等。在实现有公路穿过的智能社区的建设方面，由于东日本大地震发生以后的规定比较宽松，所以我们以地区贡献和确保灾害时电力供应为最终目的，取得了电力特定供应制度许可和港区的道路占用许可，实现了在公路下方铺设私营基础设施线路。该工程被选为日本国土交通省削减住房和建筑物CO_2排放量的先进项目。

建筑物利用抗震、双系统供电、72小时紧急用发电机、热电联供发电机、3栋建筑电力相互流通，提高建筑的防灾性能。智能社区虽然无法单独对地区提供环境管理和防灾保护，但是实现了将峰值电力减少约25%、CO_2排放量削减约30%的效果。预计将与港区达成将大楼入口用于灾害避难场所的相关协定。

（浅井信行+内藤纯／清水建设）

上：北侧俯瞰图。由两栋办公楼和一栋住宅楼组成/左下：MJ大楼（办公）外观/中下：由三栋建筑围建而成的广场。以公路为中心建成的广场和平台，为此地区居民提供城市绿洲/右下：打造具备生态轴功能的中庭

3. 优化多建筑能源需求与供给的智能环保校园——中部大学 春日井校园

中部大学位于爱知县春日井市，随着校园的扩建，电力基础设施容量面临不足。因此建设了最适合建筑群电力供应的智能电网。具体来说，是通过太阳能发电和热电联供促进微电网进行电力供应，通过空调、照明的节电系统和实验研究机器使用的导航控制电力的使用。

2012年开始，我们与中部大学组织实证检验智能环保校园的活动，活动由学生、教师以及设施管理者全体人员逐渐推广至全校。2014年开始，得到自治体和政府（日本）的支持，以绿色计划、伙伴项目的形式发展地区合作。今后，将以地区低碳化建设和地区防灾阶段性发展为目标，通过和自治体的业务联络会议等形式在地区展开实证技术活动。

（河村贡/清水建设）

（翻译：周双春）

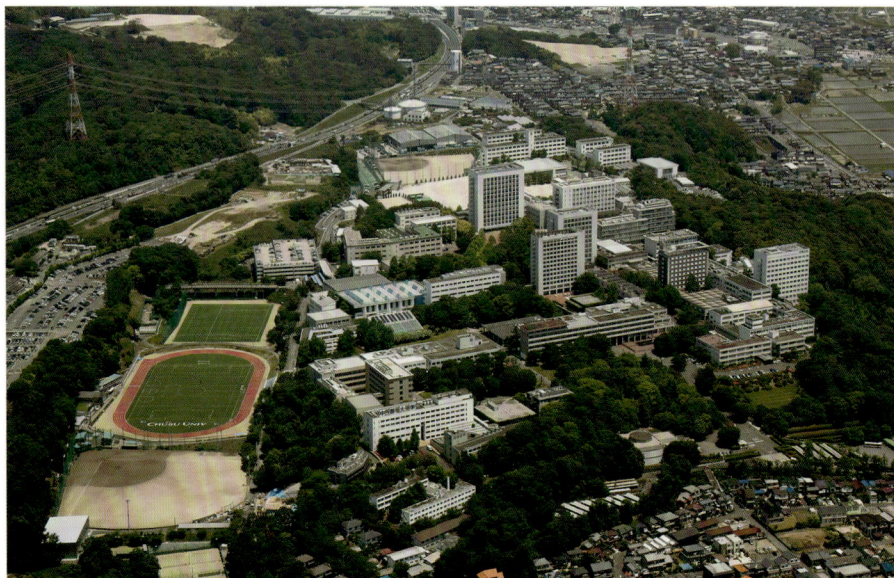

中部大学校园全景图。学生人数约12 000人。用地面积319 886 m²。电力需求方面，通过控制机器和导航节约用电。电力供应方面，根据建筑群的需求使用发电、蓄电设备进行供电

住宅（出租集合型住宅）

开放区域

CEMS
为了追求 3 栋建筑间的能源供给的最佳控制及能源的高效利用，对 3 栋建筑采取整体管理，与个别管理相比，预计能够达到削减 CO₂ 排放量约 30% 的效果

区道 231 号线

由电力公司和变电站 2 回线供电

中压城市天然气管

全热作为住宅的热水供给和预热使用

空地

平台（紧急避难平台）

备用发电机
400 kVA（72h）租赁用

全热作为住宅
空调机的再生
热源使用

nexus（小规模事务所大楼）

关于电力峰值不同的建筑物的电力，它和热电联供发电结合由 MJ 大楼供电，在个体经营的线路上，为 nexus 和住宅供电。利用特定供电方式，预计平均可以减少约 25% 的峰值电力

干燥剂
冷却空调机

热电联供发电机
25 kW × 4 台

受电设备

MJ 大楼（中型规模事务所大楼）

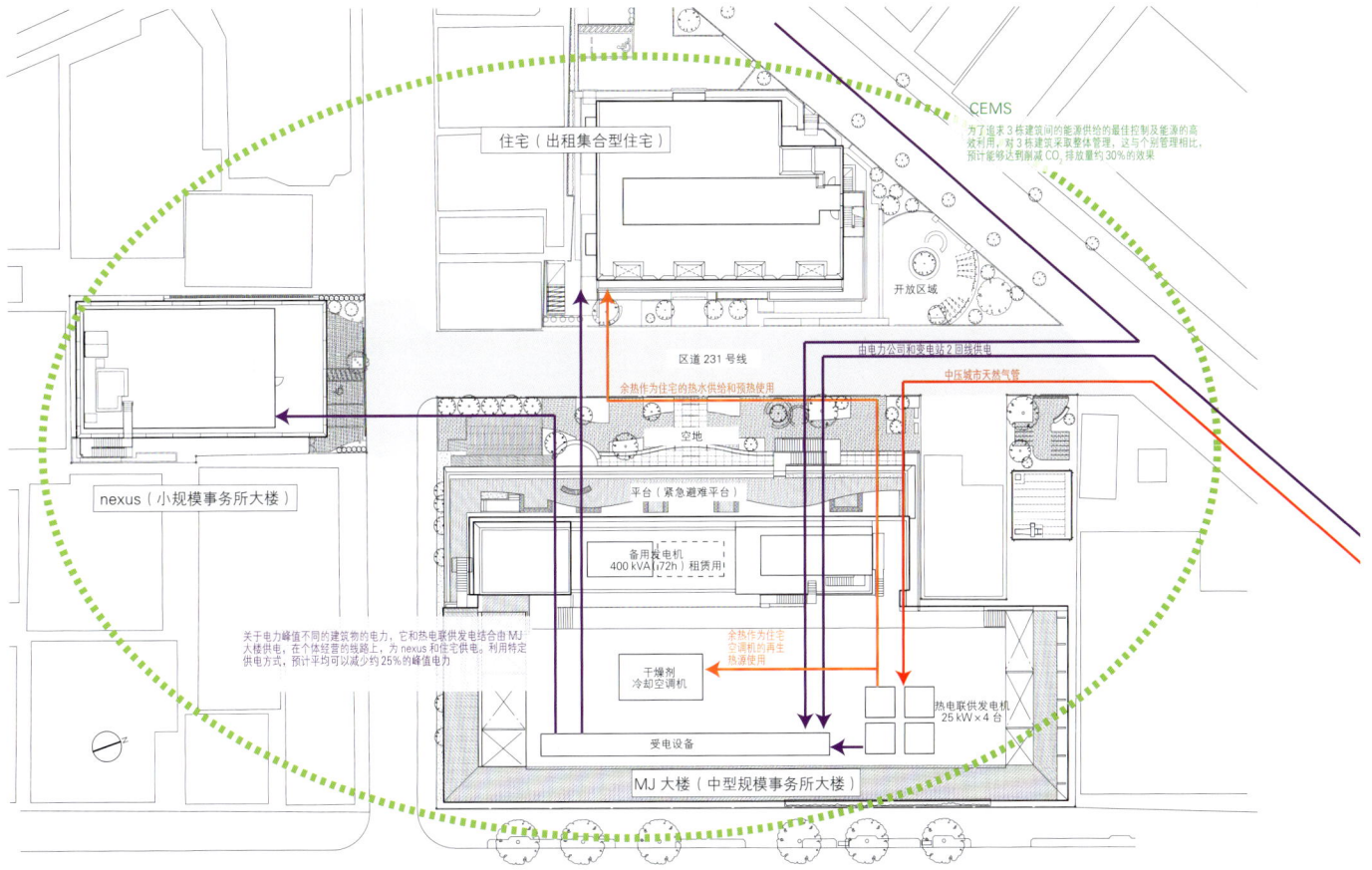

绿洲芝浦整体区域图　比例尺1:800

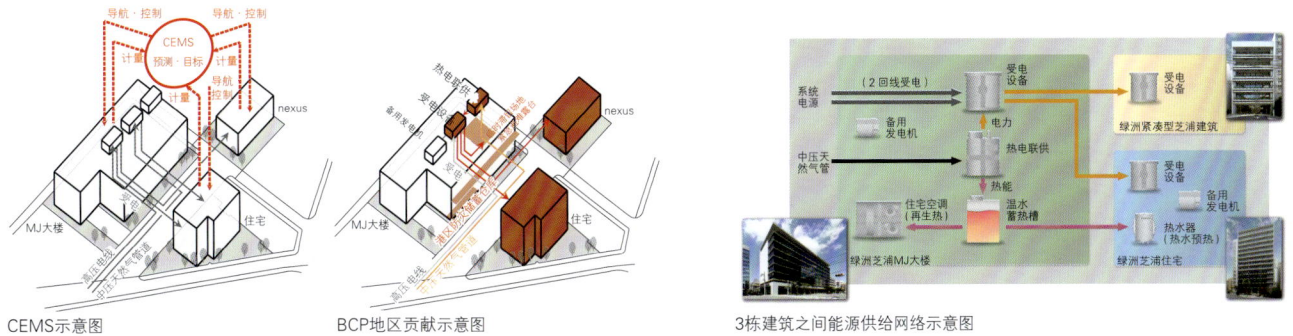

CEMS示意图

BCP地区贡献示意图

3栋建筑之间能源供给网络示意图

应对日常环境对策和保证紧急时期能源自足的 ecoBCP 技术

东日本大地震已过去 5 年，震灾的经历使日本社会对于电力能源问题的认识发生了很大的改变。

除了着眼于削减 CO₂ 排放量的能源节约对策之外，控制日常电力峰值（eco）和提出紧急时期的能源自足（BCP）对策也成了日本社会关注的话题。

在这样的背景之下，我们提出了综合考虑日常环境对策和紧急时期能源自足的"ecoBCP"技术。

独立建筑向建筑群的转变，创建富足、可持续的城市

将"ecoBCP"这一技术，从独立设施运用到设施群中，使其发挥更高的能源效用和防灾性能，

并在城市层面展开。通过在各地推进抗灾性能强的智能社区建设，为实现富足、可持续的安全安心社会做出贡献。

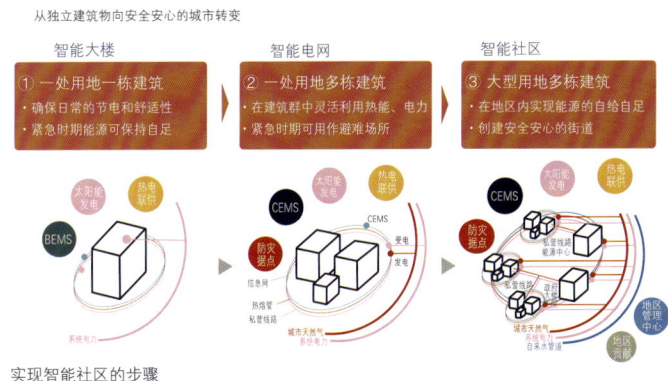

从独立建筑物向安全安心的城市转变

实现智能社区的步骤

三次市民会馆 KIRIRI

设计　青木淳建筑设计事务所
施工　鹿岛建设·加藤团队共同合作
所在地　广岛县三次市
MIYOSHI CIVIC HALL KIRIRI
architects: JUN AOKI & ASSOCIATES

西南视角。本项目为广岛县三次市旧市区文化会馆的搬迁重建项目。该项目中包括约有1000个座席的会馆，可容纳150人左右的沙龙会所，以及8个舞台。为了应对未知灾害的发生，用5 m高的桩基支撑起一个巨大空间，不仅可作为停车场使用，还可作为多功能场所使用。空间经过精准分割，使得条条回廊贯穿其中，最终形成一个内外贯通、被充分利用的空间

充分做好灾害预防工作

三次市中心街区位于盆地之上，由南到濑户内海的距离与由北到日本海的距离几乎相等。江户时代，为方便银的运输，人们开拓了一条由石见到尾道的大道。三次市也因地处大道沿线而繁荣发展起来。这是一片历史悠久、文化丰富多彩、令人心驰神往的土地。然而，由于三条河流同时汇集于此，使得这片土地长期以来饱受洪水灾害。1972 年的夏天，河道决堤，市区淹没在一片水海之中。我在查阅了灾害预测图后，发现这片建筑用地的浸水深度竟达到了 5 m。因此，我提议把修建项目的设施整体抬高 5 m。而这样一来，与竞赛方案中 6000 m² 的计划面积相比，整体面积会达到近 11 000 m²。加上舞台建设，每平方米的价格必须控制在 33 万日元的低预算内。庆幸的是，尽管困难颇多，但最终都被克服。

发生东日本大地震的那年夏天，这里遭遇了纪伊半岛大水灾。当时我决定返回东京，那时的东京街道上，瓦砾、建筑物残骸堆积成山。三次市的情况更是凄惨，家家户户都淹没在大水中，地面消失不见，取而代之的是混杂着泥土的水面，一片荒凉的景象。于是我想象着建造一个这样的建筑，它像岛屿一样坚固，在发生水灾时，人们可以在此安心地度过灾期，接着便想设计这样一个会馆。用地周边，不断有大型店铺入驻。在这样随意、无序的人文景象背后，一座深沉稳重的大山巍然屹立。我觉得不妨为这座山创造一个同伴，一个超然脱世、静默而立的建筑。

万一灾害发生，不，灾害总有一天会发生的，为此，我把灾害预防这一点放到建筑设计中，并作为一个重要因素来考虑。

（青木淳 下同）

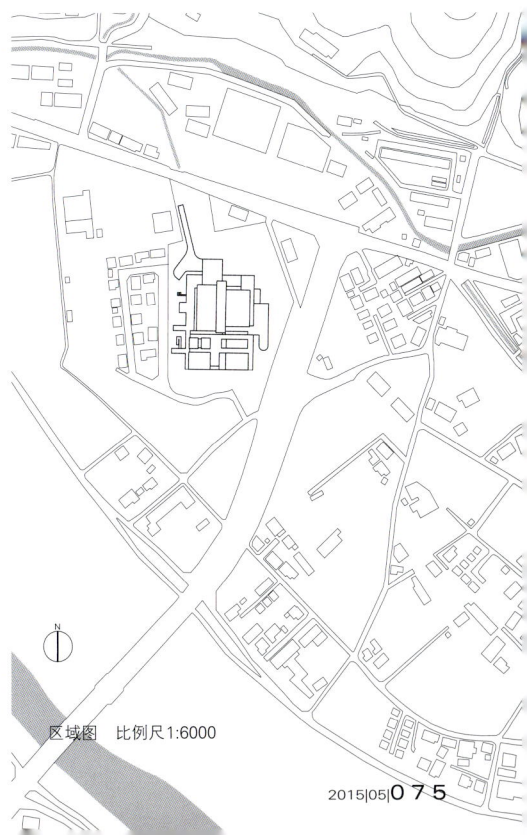

区域图　比例尺 1:6000

架空空间视角。四面通风设计，形成一个明亮的空间

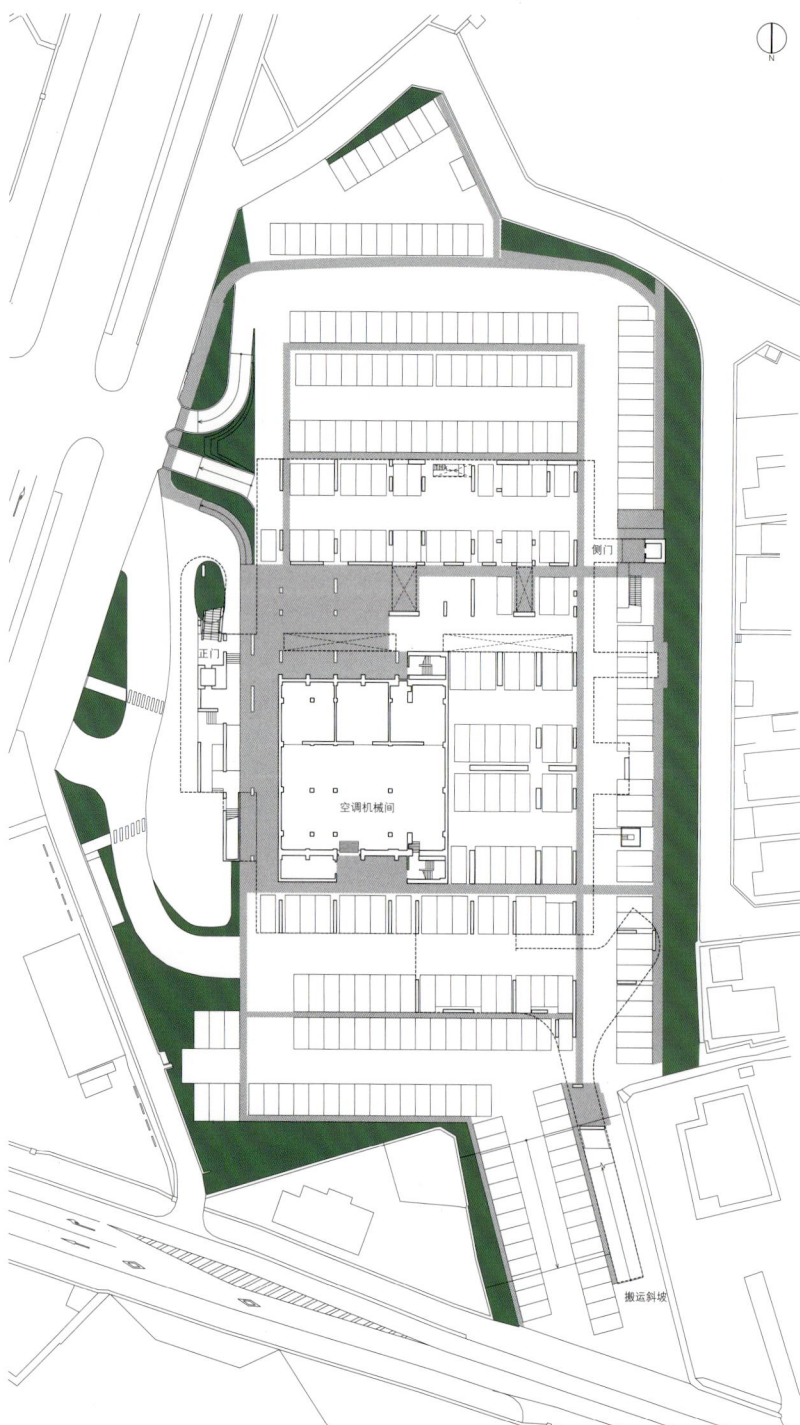
停车场平面图　比例尺1:1200

"留白"可以确保空间的公共性

在该项目中，整体建筑被抬高5 m，下方形成一个架空空间。它的主要用途是停车场，平时基本处于闲置状态，只有举行大型公演时才能得到充分利用。另外，其顶棚高度比起一般停车场高出很多。也就是说，这个架空空间在功能性、平面性、空间性等方面都比较富余。

"留白"与广场的"空旷"稍有不同。广场是一个方便众人聚集的场所。"留白"则不在这点上有所要求。它是比广场更为广义的概念，它是一个存在了并不会令人感到突兀的空间。

就像去旅游，"留白"越多的城市，越能让人领会到它的魅力。像去美术馆，并不一定是想对画作好好欣赏一番，而是因为美术馆柔和的光线、宽敞的空间、令人大饱眼福的画作，整体令你身心舒适。再如书店、咖啡厅，只需要花不多的钱，就可以长时间地悠然闲坐。这正是因为表层的功能性衍生出了"留白"，增添了一份让人喘息的空间。也正是"留白"，吸引着人们驻足停留。

可以这么说，"留白"确保了空间的公共性。遗憾的是，在基础计划中，统计各个房间的必要面积时，"留白"部分的面积计算较为困难。尽管这样，我仍认为，不只公共建筑，所有的建筑都需要"留白"。

落成仪式

城镇般的建筑

站在回廊，可见对面大小不一的房间鳞次栉比。我认为，可以根据具体情况以及方案，对这些房间进行组合利用，从而实现建筑物空间"用尽"原则。当然，每个房间都有各自的基本用途，如1号~5号房间做后台使用，1号~8号摄影棚是练习室，空间大小和利用方法各不相同。但包括会馆、沙龙会所、休息室在内的房间都被设计成了长方形。一般情况下，休息室设计在会馆四周，有着高高的顶棚和巨大的空间。而这里，休息室与会馆分开，可作为独立的房间来使用。

将各个空间建造成房间，摆脱了用途单一性，实现了多功能利用。通过对多个房间的自由组合，实现会馆空间的高效利用。比如，在举行交响乐及合唱团公演活动时，不只是房间，摄影棚也可当作后台使用。如果还不够，那么还可以把沙龙会所用作等候室。同样，当沙龙会所进行公演时，摄影棚可用作等候室。通常情况下，7号和8号摄影棚都处于可利用状态。另外，若是多个团体同时演出，平常作后台使用的房间也可以用作等候室。如果把附属仓库里的椅子搬出来，那么这个能够进行自然采光的仓库也可用作等候室。

回廊不仅是往来的通道，还可供人们驻足休憩，充当大厅的角色。环绕回廊一周，两旁建筑物整齐排列，仿若一个小型城镇。地方城市的这类设施，符合当地人们的风俗习惯。他们认为要想把建筑物空间"用尽"，不如让它成为城市的"延续"。另外，如果想特别划出演员、主办方的专用区，只需在回廊设置围栏便可。而这样的情况每年只有为数不多的几次，所以我认为没必要为此将其设置成一个封闭的空间。

若不将能源最大化利用，便不可能达到空间"用尽"原则。基于这一点，我把一般设计在非自然采光区域的卫生间、热水间、洗漱间、浴室等房间，改设在光线明亮的地方。就连小后台室都能进行自然采光。回廊里不安装空调，而在中间地段设置纱窗。对面的房间均需向外排热，因此回廊比廊外更加舒适。夏季，会馆一侧的后院楼梯还可以发挥"烟囱"的作用。这样一来，不仅达到了节能减排的目的，还能在灾害发生、电源不可用时，确保其基础性建筑的可利用性。这样的回廊，与一直以来的会馆大厅有很大的区别，它衍生出了一个"人文居所"。而我认为，这种"人文居所"，与其说它属于某个建筑，不如说它属于某个城镇。

围绕建筑物一周的回廊型平面设计，在会馆建筑领域应用得少。尽管如此，我仍认为，这种设计非常适合地方城市的会馆类建筑。

回廊视角。回廊不仅是通道，还充当着大厅的角色。为了与对面的房间相协调，回廊的路宽和顶棚高度均有所改变（宽2500 mm、高3500 mm），是一个全方位采光通风的空间。地面粘贴橡木地板。穿过左手边的中庭（南），可看到沙龙会所。右手边的管理运营办公室通过一条通风道与之相隔

正门楼梯

沙龙会所仓库

沙龙会所

6号摄影棚

摄影仓库

空调机械间

沙龙会所前厅

8号摄影棚

5号摄影棚

4号摄影棚

沙龙会所仓库

7号摄影棚

卫生间

中庭（南）

3号摄影棚

2号摄影棚

1号摄影棚

侧门楼梯

咨询处

管理运营办公室

热水间

洗漱间

浴室

房间大厅

等候室

5号房间

休息室

调控间

会馆座席

舞台

4号房间

卫生间

3号房间

卫生间

会馆多功能间

2号房间

仓库

1号房间

中庭（北）

办公室

钢琴仓库

卫生间

舞台设备仓库（东）

舞台设备仓库（西）

仓库

搬运处

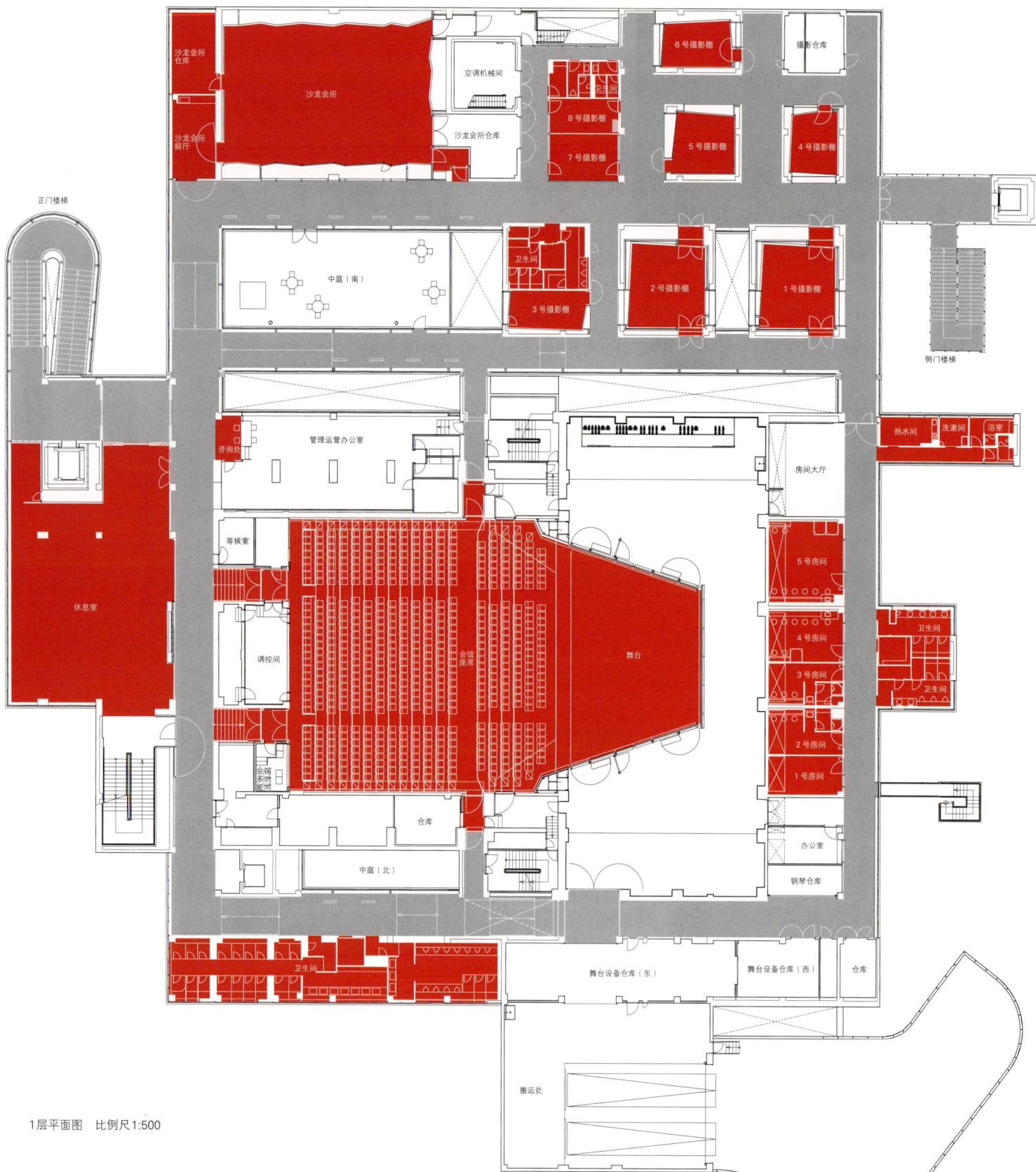

1层平面图　比例尺1:500

N

休息室。与会馆相邻的独立空间

设计：建筑：青木淳建筑设计事务所
　　　结构：金箱构造规划事务所
　　　设备：森村设计
施工：鹿岛建设·加藤团队共同合作
用地面积：14 805 m²
建筑面积：5040 m²
使用面积：10 892 m²
层数：地上5层
结构：钢筋混凝土结构　部分为钢架结构
工期：2013 年6月～2014 年11月
摄影：日本新建筑社摄影部（ 特别标注除外 ）
（ 项目说明详见第164页 ）

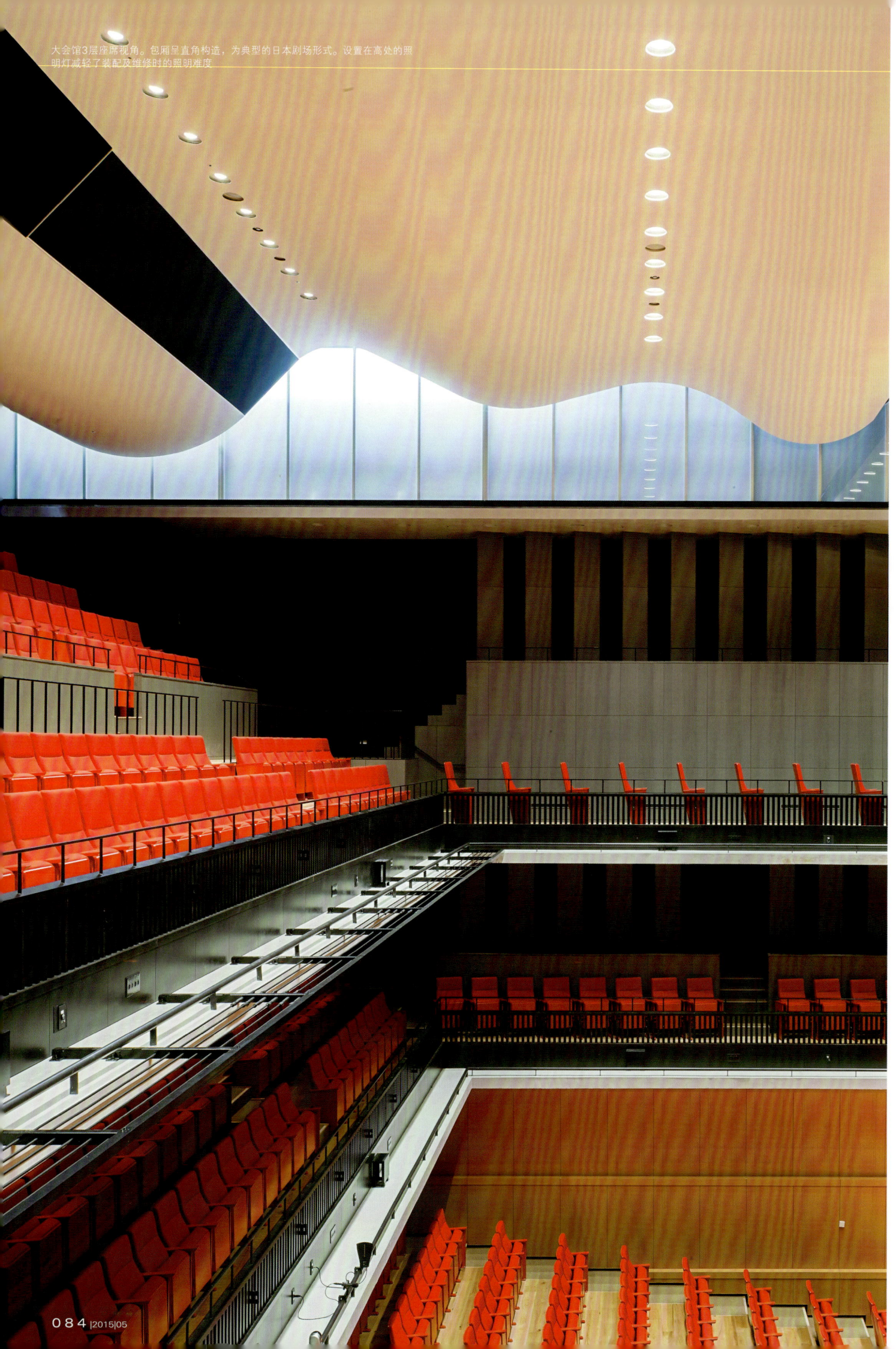

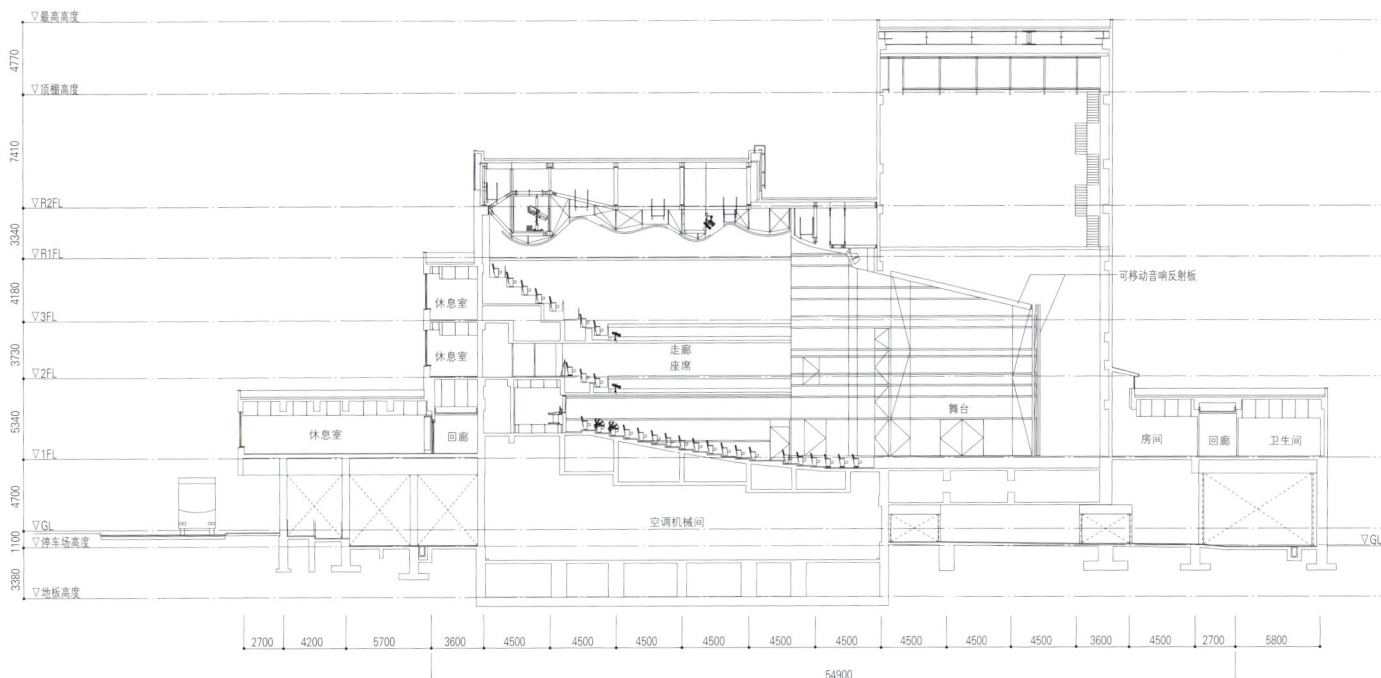

剖面图　比例尺1:500

聆听西洋音乐　共赏古典神乐

神乐（日本民间歌舞艺术）是三次市颇为兴盛的地方民俗。虽然它不是一种现身于大雅之堂的艺术，但它却是人们生活的一部分。会馆的基本平面规划采用了日本的传统剧场形式，即方形的平面设计。

固定座席共1006个，但日常使用的仅是拥有604个座位的1层座席。为不显得空荡，2层的包厢座席有所减少，3层则相应增加。这是著名建筑师木村藤吾在日生剧场（本杂志6401）中采用的设计。

为了获得最佳音响效果，我认真听取了永田音响设计事务所的意见，并在此基础上，将座席尽可能靠近舞台。实际上，对听觉效果的追求，会与对视觉效果的追求产生令人惊讶的碰撞，因此多数情况下，音响方面的建议只能得到部分满足。然而在这个会馆中，这点碰撞却几乎被完美地消除了。最终，它不仅可以进行日本传统文艺的演出，还能够满足西方或现代化舞台的要求。

观众席上方设置高展灯，会馆顶棚内部能进行自然采光，昏暗的顶棚射灯区周边也因此变得明亮。

根据需要，建筑所有房间均采用混凝土完工，即便作为公共场所的会馆也不例外。

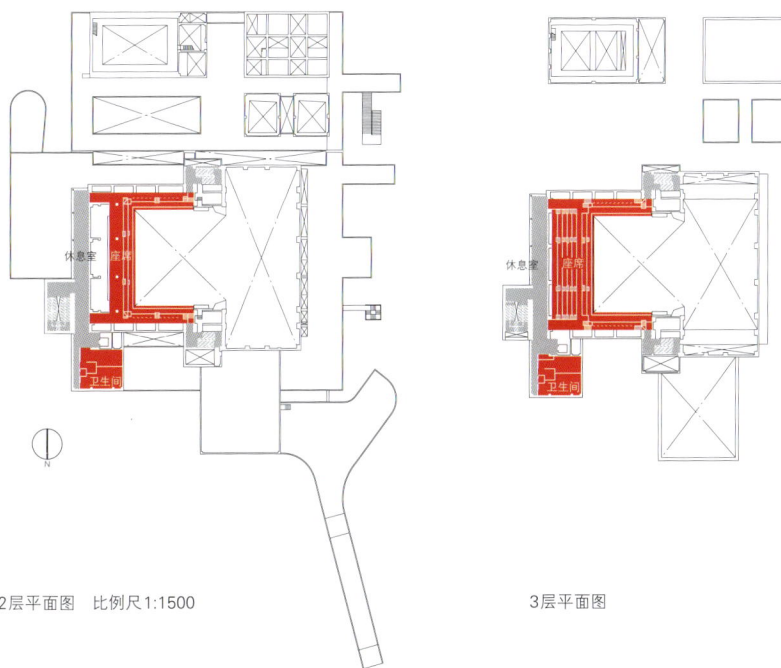

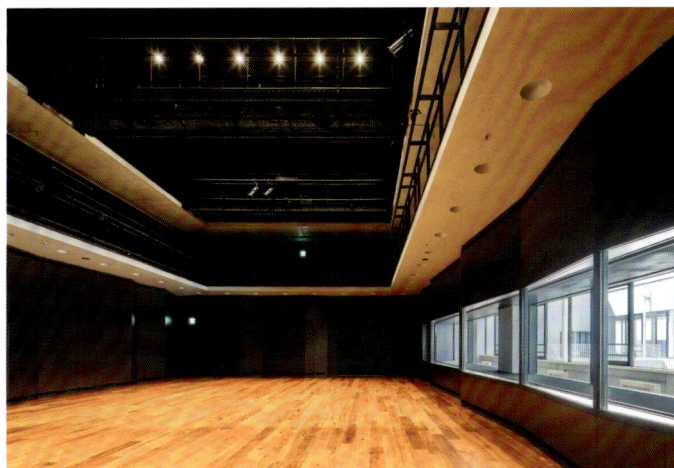

2层平面图　比例尺1:1500

3层平面图

最多可容纳150人的沙龙会所。可在会馆进行演出时用作排练室或等候室。右边面向回廊设有出口

"内容"与"器皿"的动态结合

如果将人们的生活比作"内容",那么其存在的空间便是盛放这个内容的"器皿"。既可以说有了"内容"才有"器皿",也可以说正因为有"器皿","内容"才得以存在。两者谁先谁后,就跟先有鸡蛋后有鸡,还是先有鸡后有鸡蛋这个问题一样,难下定论。

一旦灾害发生,"器皿"遭到破坏,"内容"就会像被剥去了外衣一般变得赤身裸体。这时,就需要重新创造一个"器皿",护其周全。但问题在于,只要重新创造一个一如以往的"器皿"就可以了吗?说到底"内容"究竟是什么样的呢?以日本关东大地震为契机,我对这个问题进行了切实的思考,大概也就是今和次郎所开创的"考现学"(对现代社会的各种事物进行考据研究,反义词"考古学")吧。然而,这样的反省不应该只在大规模灾害后,而有必要多多进行。反省——对"器皿"做出改变——对"器皿"里的"内容"进行深入思考,我认为这样的动态过程才是社会以及建筑应当保持的形态。

但现如今,这个动态陷入了胶着状态。"需求"这个词的使用频率逐渐增多恰好体现了这个现实。正是因为有了"需求",才产生了相应的"服务",也就是说,"内容"决定"器皿"。这样说虽合乎道理,但当人们进行这样的表述的时候,会在不知不觉中忽略"器皿催生出内容"这个反向关联同样必要。

在设计公共建筑时,开展市民宣讲会是动摇"内容"和"器皿"的原有关系、重新找回两者间动态关联的一个绝佳机会。遗憾的是,由于参加宣讲会的往往只是已经受益的人群,或者对发动多数沉默派的相关工作有所懈怠,宣讲会变成了一个只听取需求的场所。再者,从"内容"和"器皿"间的铰链松动、脱落,再到重新连接,需要花费一定时间。着手基础设计之前,可能需要在上面花费1年左右的时间。

会馆不需要虚张声势,而是要融入人们的生活,像是一个日常生活路线的延伸。不同的是,它是一个可以让人们更加放松、舒展身心的场所。在三次市民会馆里,我们,也就是"内容"的所有者,所希望的,便是这般的会馆形象。我们真正希望的,是与"器皿"进行更多的交流。

这在一定程度上取得了成效。我们开通了博客,在公共平台上进行了意见交流,还举行了宣讲会,然而当时并没有神乐的相关人员到场。"共享古典神乐的会馆",这个概念便停滞在了设计师单方面的计划里,能不能为神乐所用着实令人担忧。

举办落成仪式当天,上午的仪式结束后,下午举行了"三次市合并十周年纪念庆典"。1层内挤满了从三次市各地前来的货摊,热闹如庙会。会馆内,"三次太鼓"隆重敲响,市内六个神乐团接连登场,通宵达旦进行演出。之前的担忧一扫而空。

(翻译:程靖宇)

从楼梯上一览城市街道。该楼梯始于正门，通向休息室。可避免由停车场入馆的途中遭到雨淋

静冈县草薙综合运动场体育馆

设计　内藤广建筑设计事务所
施工　鹿岛·木内·铃与特定建设工程共同合作
所在地　静冈县静冈市骏河区

THE GYMNASIUM IN SHIZUOKA PREFECTURE KUSANAGI SPORTS COMPLEX
architects: HIROSHI NAITO / NAITO ARCHITECT & ASSOCIATES

82 m×46 m主场视角。本项目为静冈县草薙综合运动场体育馆的改建项目。使用的主要建筑材料为天龙杉木集成材（胶合木）。256根长14.5 m的杉木集成材成45°~70°角，围成一个大型椭圆，共同支撑来自顶棚的负重。集成木材背面设置钢筋骨架，承受风和地震等造成的短期负荷。通过设置在钢筋桁架上方的天窗进行自然采光。

为承担来自集成材的轴向压力，集成材下方设置了宽9 m、厚50 cm的钢筋混凝土水平环，产生后张预应力。火灾发生时，该水平环能够防止火势蔓延至集成材。水平环下方的通道兼作抗震层

创造宜人居所

内藤广（建筑师）

寻找制约因素

在设计海洋民俗博物馆（本杂志9007、9211）之后，为摆脱后现代派艺术的影响，我时刻警告自己一定不要从空想展开建筑构想。

其方法之一，就是把设计重点放到技术，尤其是构造技术上。在建筑领域所用到的各项技术中，构造便是那个最简单、却又最强劲的对手。因为它不能想怎么来就怎么来，而这样的制约也有它的好处。然而，20世纪90年代中期以后，用电子计算机进行解析成为主流，能够被解析的东西大大增多。可以说，空间构造的自由性以及多样性得到了飞跃性的提升。这样一来，就需要一个新的框架来制约建筑。

对我而言，这个框架便是木质结构。木材是一种优良的材料，也是一种精细的素材。我们对它的了解还不是很深。20世纪可以称为"钢铁与混凝土的20世纪"，木材是一种不被重视的材料。也正因为如此，当我们想着运用这种材料来做出什么新事物的时候，主要依赖的仍旧是由经验积累的知识。我们亟需加深对这种素材的了解。若要认真细致地构思木质结构，解析是仅有的手段。首先，解析必须足够详尽，在此基础上，还要有制作过程中的品质管理、组合方面的精确度管理等等。为了寻求这种制约因素，我选择了木质结构。

区别于代代木体育馆

要说代代木体育馆（日本国立室内综合竞技场·附属体育馆，设计：丹下健三·城市建筑设计研究所，本杂志6410），它的空间结构感简直堪称完美，即使历经半个世纪，这种空间魅力丝毫没有减弱。在技术方面，缆绳和钢筋技术的特点被恰到好处地体现出来。

如果说代代木体育馆是为奥林匹克而建的日本国家建筑，那与之不同的是，我想把草薙综合运动场体育馆设计成一个符合地方时代性的地方性建筑物。把当地特产建筑材料作为主角，运用当下先进的技术，建造一个独一无二的建筑物……而要想使建筑融入这片独特的风土，木质结构则为最佳。

模型图

来自指尖的灵感

我一直在思索，该如何理解木质结构，要创造出怎样的空间感，关于建筑用地要进行怎样的思考，等等。有一次，我在家打开酸奶盒上面的铝箔盖，不可思议地被褶皱上柔和的线条吸引住了。我试着把褶皱想象成木质材料，这样一来，只要把木材按同等长度来加工就可以了。特别是在大框架需要承载很大压力的情况下，木材的使用应当尽可能简单。而且我认为要极力避免因长期弯曲而产生的压力。因此我比较满意的想法是，用等长木材来构建。再用剪刀把中间裁掉，形成一个带有放射状花纹、呈甜甜圈形状的同心圆环。这样不仅保留了二维平面能够预想到的椭圆形外观线条，还把褶皱部分立体化，完成了一个向曲面的三维立体的转化。接下来，再把减下来的盖子对折，将它架在同心圆环上，就出现了一个从未见过的有趣形状。依这个形状来看，屋顶部分就建成钢筋桁架吧。如果沿着长（与"短"对应）的方向搭建大梁，梁高的设计会给人以欲飞跃该跨度之感。于是，我粗略地画了草图，用胶水把小模型固定到纸上，为了避免它遭到破坏，我又把它放到了存放香烟的空盒子中，带去了事务所。让我深感幸运的是，在激烈的设计竞赛中，这项设计一直坚持到了淘汰赛。通常情况下，当设计进入实际着手阶段时，建筑的形状总会三番五次地发生大的变化，而这个建筑从思维雏形到整体形状，自始至终都没有发生太大的改变。

年过花甲 时已迟暮

2010年是我的花甲之年。在此之前，我一直过着一帆风顺的生活，到了这个年纪，我开始思考该如何度过剩下的时光，专注于建筑设计的想法也与日俱增。我辞了大学里的职务，一门心思投入设计，但又担心回到事务所后接不到项目，于是极其渴望邂逅一个项目，能让我把满腔的热情倾注其中。

然而，当我在工作了10年之久的大学里进行最后30分钟授课时，发生了东日本大地震。那天是3月11日，我感觉到了犹如宿命一般的东西。离开大学后，我去了灾区。我是在2010年年底开始投入到草薙建筑的设计竞赛中的，但实际着手设计已经是2011年4月以后了。因此，我在灾区所感受到的东西自然而然地融入到了此次的设计当中。灾区所到之处似乎都在否定着人类的存在。看到这样的光景，我不禁想到要建造一个人类的容身之处。它静默不语，却时刻向人们诉说着你可以留在这里。如果人们在这样一个巨大的空间里仍然能够找到属于自己的容身之所，那于我而言，灾区的体验便是有价值的。

令人思绪沸腾的草薙

要想把直觉发展为现实事物，就需要添加制约。在这个项目中，这一点体现在把当地产的杉木作为主要结构的使用上。正是这一制约，给直觉以考验和磨砺，使空间成为独一无二的精巧之物，最终造就了将所有技术与智慧集于一体的高难度建筑物。究其原委，是什么使这个建筑的构造变得如此复杂呢？正是杉木这一精细的主材料。

然而，建成之后的草薙建筑物却丝毫不会让人产生复杂的感受。相反，它光线明朗，色彩协调，实为一个令人身心舒畅的好地方。此外，草薙名胜古迹甚多，富士山、三保松原、日本平、登吕遗迹。在这里，流传着许多古老的传说，因此它不只在空间规模上开阔，更有着浓厚的历史和文化积淀。

要建造符合地方时代性的建筑物，就必须在空间及时间上与当地同步。用来自指尖的灵感，再加上当地的特产木材和技术，便形成了建筑框架。独具地域色彩的建筑素材，令人们遥想起从久远的过去流传至今的漫长时光。先进技术的应用，把建筑的当下和未来紧紧连在一起。这个建筑是这个地方远去的昔日，是逝去的旧时光，也是现在和未来。至少，我希望它是。

幸运的是，我初次通过直觉捕捉到的想法最终成真了。而给予我灵感的直径为3 cm多的娇小模型，最终变成了相当于它3000多倍大、直径为100 m的大型建筑物。

（翻译：程婧宇）

主场天窗的仰望视角

2层通道。左侧向里可见内包有避震装置的支柱

东北侧视角。采用钛锌合金板装修的缓缓弯曲的外壁

设计：建筑：内藤广建筑设计事务所
　　　结构：KAP
　　　设备：森村设计
施工：鹿岛·木内·铃与特定建设工程共同合作
用地面积：205 812.61 m²
建筑面积：9701.44 m²
使用面积：13 509.33 m²
层数：地下1层　地上2层
结构：钢筋混凝土+木质结构+钢架结构
　　　部分为预制混凝土结构
工期：2012 年 12 月 ~ 2015 年 3 月
摄影：日本新建筑社摄影部（特别标注除外）
　　　（项目说明详见第166页）

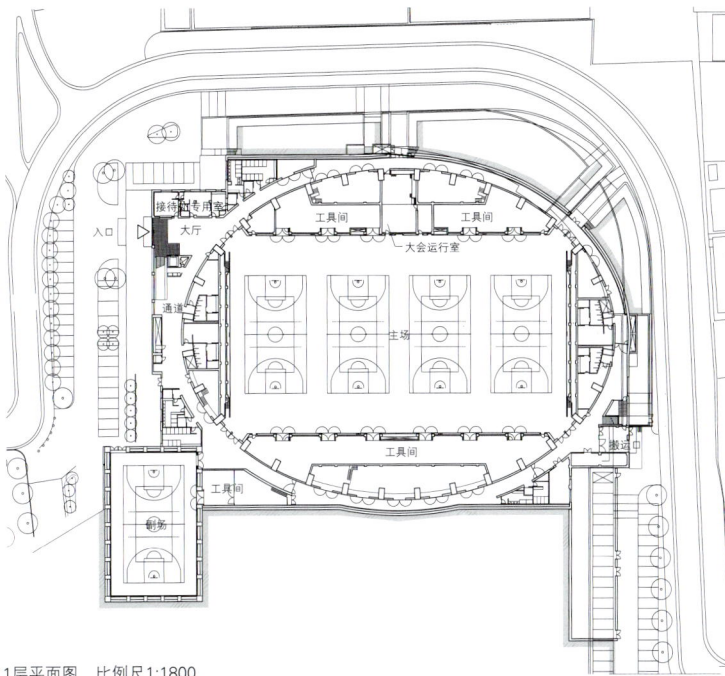

1层平面图　比例尺1:1800

2层平面图

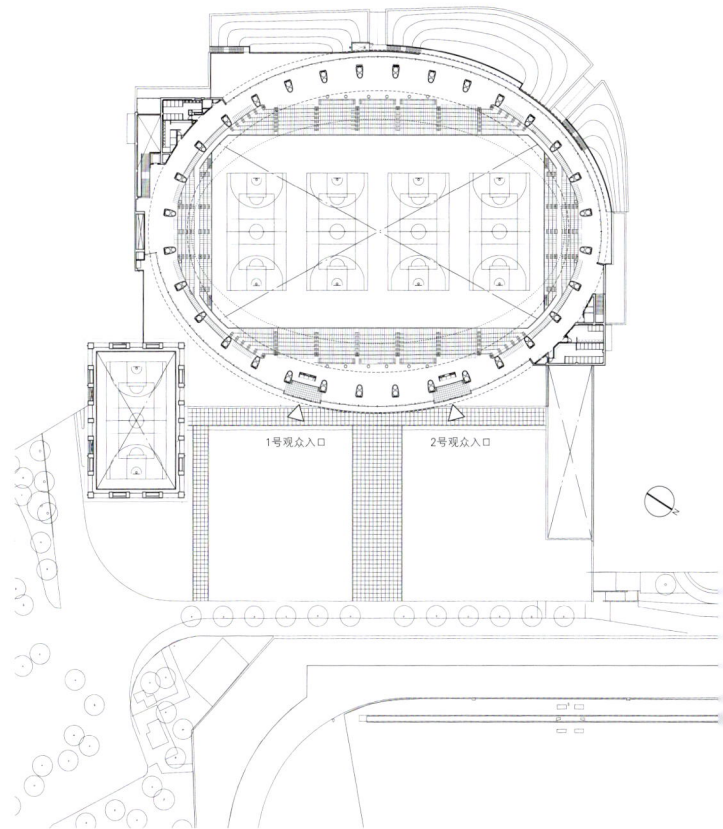

东侧视角。体育馆位于静冈县草薙综合运动场西侧，运动场内有棒球场和陆上竞技场等

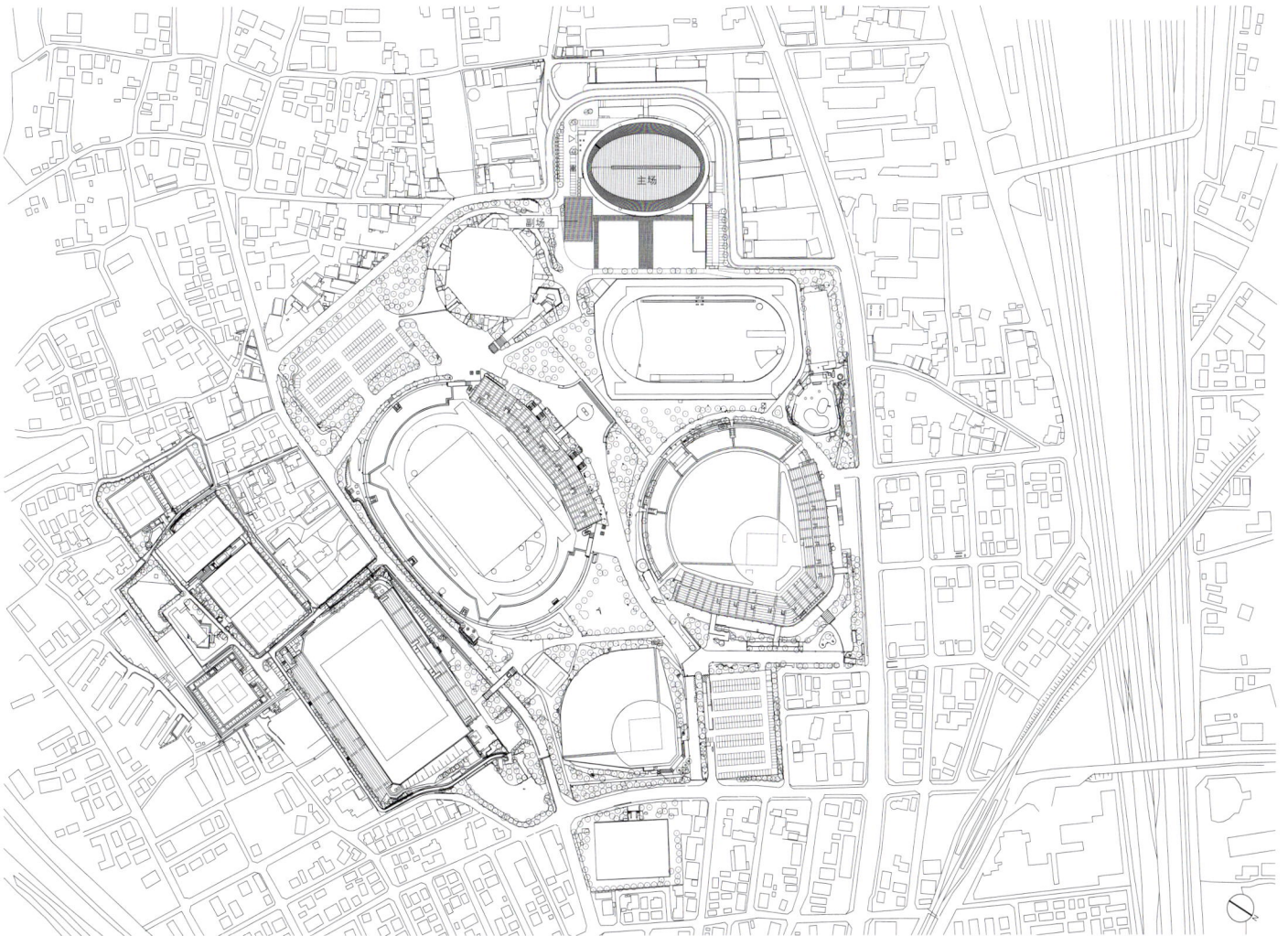

区域图　比例尺1:6000

360 mm × 600 mm杉木集成材

上层屋顶：钛锌合金板 纵向铺设修葺 t=0.7 mm
破浪形透气垫 t=0.7 mm
单面橡胶黏着性防水板 t=2.0 mm

钢环

顶棚百叶：杉木30 mm×180 mm @218.5 mm
耐燃性认定材料
防脱落SUS号线

椽条：杉木集成材
360 mm×600 mm×14500 mm

桁架材质：杉木集成材

拉杆
2-St. L−100 mm×100 mm×13 mm

隔音板：玻璃纤维卷
32 kg/m² t=25 mm

屋顶：钛锌合金板 折板结构铺设 t=1.0 mm
单面橡胶黏着性防水板 t=2.0 mm
折板结构铺设 t=1.0 mm

钢筋混凝土水平环

交会线

预制混凝土顶锚筋

梁罩：钛锌合金板 t=0.6 mm
聚氨酯橡胶涂料膜防水X−2工法

房檐：钢质压顶：HDZ+磷酸处理
钢质挑檐：HDZ+磷酸处理

抗脱装置

扶手：钢制 HDZ+磷酸处理 h=1100 mm

客用空调设备

水落管：SGP150A
HDZ+磷酸处理

窗竖框：
St H−150 mm×150 mm
HDZ+磷酸处理

支柱：清水混凝土
杉木板模板 防水剂涂层

通道

地板：橡胶地砖

室外地板：
预制混凝土压力平板

客用空调百叶窗

扶手：钢制 HDZ+磷酸处理 下方为钢筋混凝土材质
h=776 mm

木椅

预制混凝土楼梯踏面

地板：添加防滑木屑的防尘涂装

顶棚：木纤维水泥
部分为岩棉隔音板涂装

天花板：岩棉隔音板

百叶板：杉木板40 mm×60 mm@80 mm

通道

更衣室

主用空调排风口

地板装修：硬质（实木）t=25 mm
墙面：构造夹板 钢钉 港板底层 高强度空气

地板：橡胶地砖

地板：聚氯乙烯长板

降温槽

剖面详图　比例尺1:120

北侧视角。左侧为副场

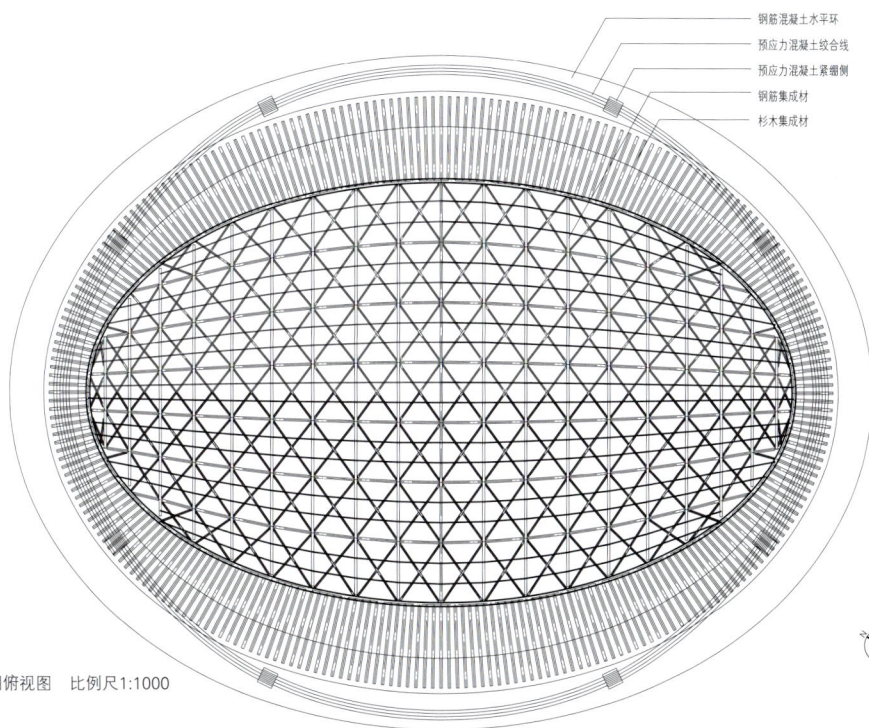

钢筋混凝土水平环
预应力混凝土综合线
预应力混凝土紧缀侧
钢筋集成材
杉木集成材

顶棚俯视图　比例尺1:1000

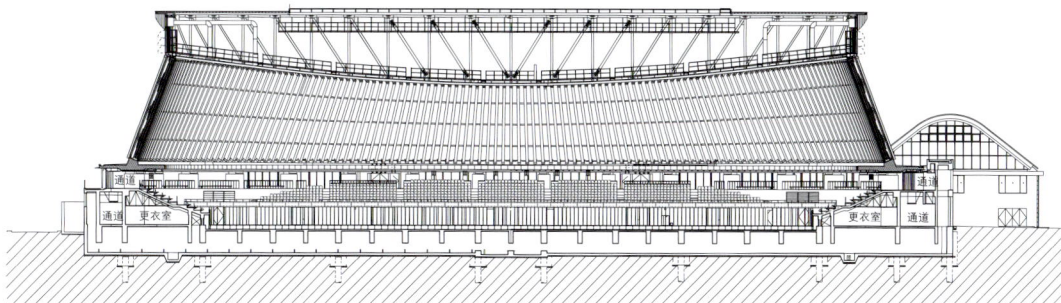

纵向剖面图

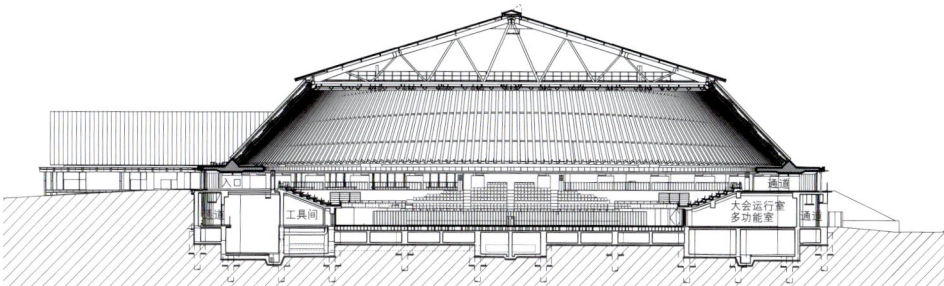

横向剖面图　比例尺1:1000

以木材为主的混合结构　实现大型空间建设

　　本项目为静冈县草薙综合运动场体育馆的改建项目。改建内容主要包括82 m×46 m的主场、34m×21m的副场、2700个观众座席。于2013年1月施工，历经26个月，于2015年3月竣工。

　　设计时，为了应对预测未来将会发生的东海地震，要确保足够强的承重能力和安全性能。256根长为14.5 m的杉木集成材在内部空间上方排列成巨大的椭圆形，支撑来自大屋顶的约2350 t负荷。而来自地震和风的短期性负重，则由钢筋骨架来承担。另外，成不同角度排列的集成材依次扩展，从根部向外延伸。为抵制这部分压力，集成材下方设置钢筋混凝土水平环，产生后张预应力。这个水平环还有助于加强建筑防火性能，能够防止观众席位处的火势向集成材方向蔓延，发挥防火墙的功效。

　　施工时，控制杉木集成材承受的长期负重是一项最重要的工序。因此我们从设计阶段就开始探讨施工顺序，并和施工人员一同探讨详细的施工计划、缜密的搭建方案。为消除由施工误差导致的负重偏差，我们更是对长约280 m的钢筋环进行了容许误差值控制在毫米内的施工管理。还把由温度变化引起的钢筋的热收缩、混凝土的干燥收缩、木材的收缩等作为施工解析时的要素，从各种各样的角度进行了验证。

　　此外，用3D高级制图技术（CAD）将形状上发生三维变化的大屋顶顶部分模型化，对大到钢筋桁架，小到集成材的螺丝钉接合部位、钢筋混凝土水平环的钢筋接合部位等，进行了多次精细检验，最终完成搭建工程。

（神林哲也+福原信一/内藤广建筑设计事务所）

等等力陆上体育场主看台

设计　日本设计・大成建设一级建筑师事务所共同合作
施工　大成・飞鸟・小川・沼田・日本设计共同合作
所在地　神奈川县川崎市中原区
THE TODOROKI ATHLETICS STADIUM MAIN STAND
architects: NIHON SEKKEI・TAISEI DESIGN PLANNERS ARCHITECTS & ENGINEERS

而已来解决。本项目为等等力绿化带内的市营陆上体育场的改建计划。本工程为第一期工程，主要负责主看台的改建。第二期工程涉及整体看台的改建，目前正处于规划当中。该体育场是日本职业足球联赛的川崎前锋足球俱乐部的主场。临时看台由其他工程建造，本工程在不影响体育场正常使用的同时进行一期改建工程

由B号门进入3层正门入口。通过上层看台和下层看台的间隙可看到场内区域

用于体育场内横向移动的3层中央大厅。该大厅设置于看台和用于支撑屋顶的结构材料之间。上层看台的地板间设计了断层夹缝,用于空气流通

设计：日本设计·大成建设一级建筑师事务所
　　　共同合作
施工：大成·飞鸟·小川·沼田·日本设计共
　　　同合作
用地面积：70 110.52 m²
建筑面积：10 154.02 m²
使用面积：21 853.86 m²
层数：地上6层
结构：钢筋混凝土结构　部分为钢架结构　预
　　　制混凝土结构
工期：2013年10月~2015年3月
摄影：日本新建筑社摄影部（特别标记除外）
（项目说明详见第166页）

从场内看向看台。左侧为原有副看台。设有300台输出功率为1500 W的LED照明灯，能够确保座位间1500 lx以上的照明度。主看台共有座席7495个，整个主看台从上到下呈前倾状，旨在拉近观众与内场的距离

上：6层天空阳台观众席。从24 m高的座位上可眺望内场/中：3层团体包厢座席/下：下层看台座位有双人座席、派对座席等多种形式，可满足多种观赛需求

上：2层客用卫生间。通过彩色线条指引卫生间位置，卫生间内部标记有单向通行路线，以防止过度拥挤或人员滞留/下：彩色2层客用女卫生间内部。各单间内部墙壁均进行彩色粉刷，方便辨别无人使用单间

1层大厅。主入口直通内场，左右侧设有更衣室等房间，供选手和工作人员使用

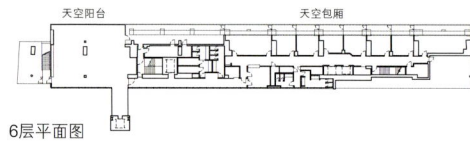

天空阳台　　　　天空包厢

6层平面图

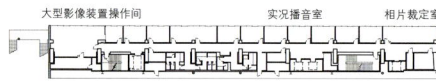

大型影像装置操作间　　实况播音室　相片裁定室

5层平面图

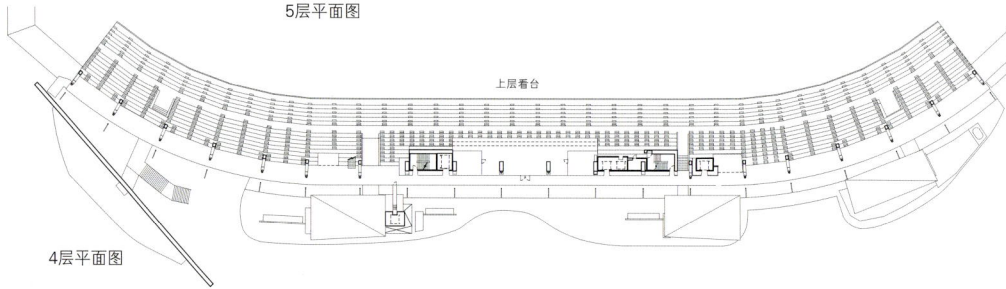

上层看台

4层平面图

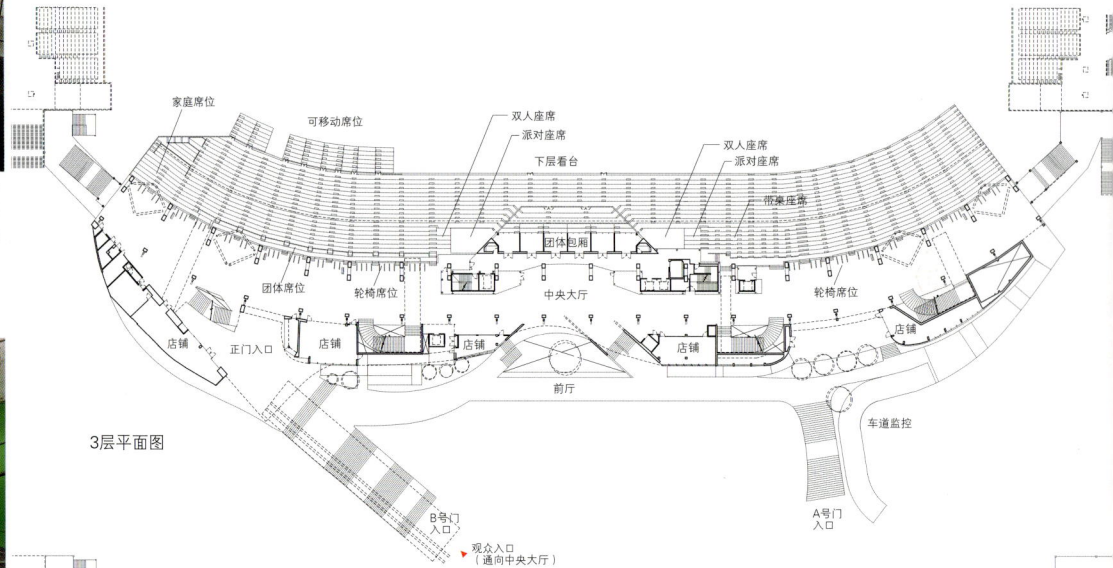

家庭席位　可移动席位　　双人座席　　　双人座席
　　　　　　　　　　　　派对座席　　　　派对座席
　　　　　　　　　下层看台　　　　　　　悬巢座席
团体席位　轮椅席位　团体包厢　　轮椅席位
店铺　正门入口　店铺　中央大厅　店铺　　店铺
　　　　　　　　　　前厅　　　　　　　车道监控

3层平面图
　　　　　　　　　　　　　　　　A号门入口
B号门入口
▶观众入口
（通向中央大厅）

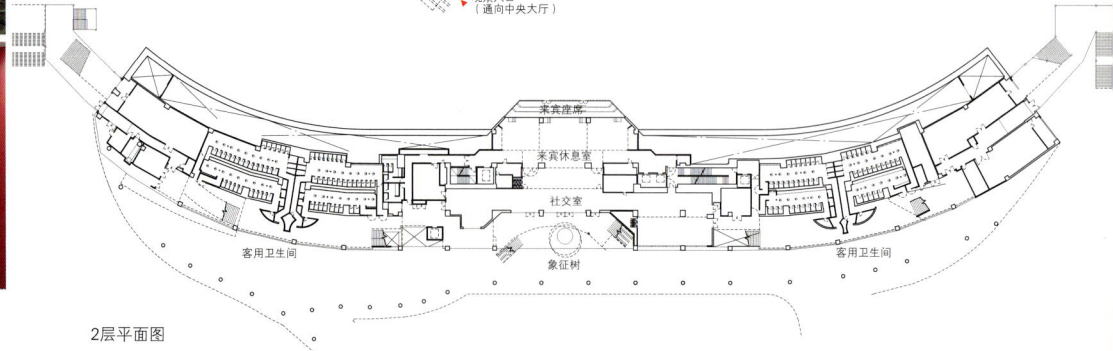

来宾座席
来宾休息室
社交室
客用卫生间　　　　象征树　　　　　客用卫生间

2层平面图

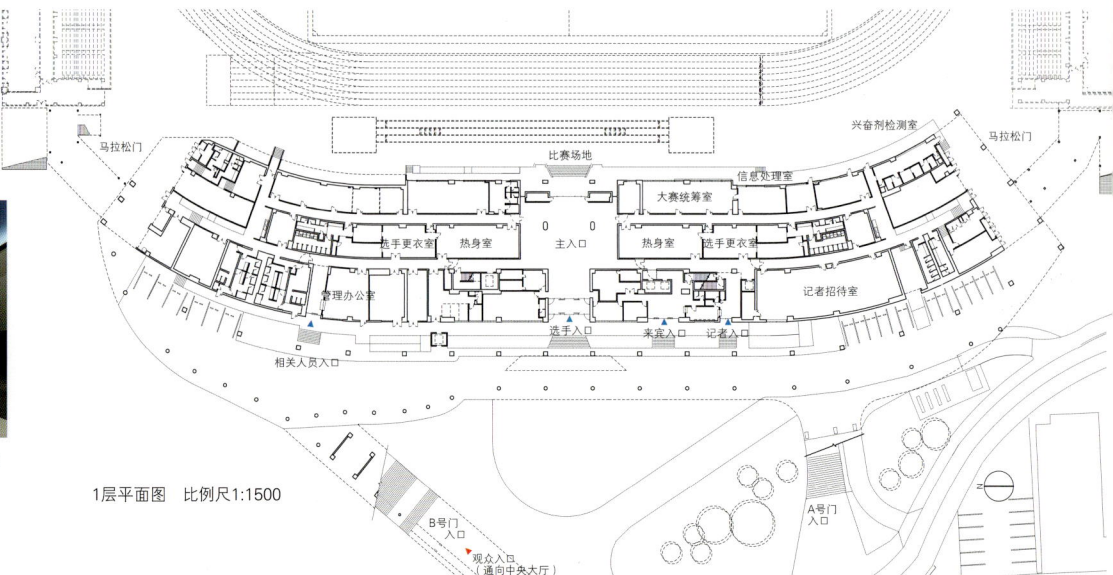

马拉松门　　　　　比赛场地　　　兴奋剂检测室　马拉松门
　　　　　　　　　　　　　信息处理室
　　　　　　　　　　大赛统筹室
选手更衣室　热身室　主入口　热身室　选手更衣室
管理办公室　　　　　　　　　　　　记者招待室
　　　　　　　选手入口　来宾入口　记者入口
相关人员入口

1层平面图　比例尺1:1500

B号门入口
▶观众入口
（通向中央大厅）
A号门入口

上：3层室外前厅和主楼梯。左侧为公园
下：从等等力绿化带远望体育场

建造前倾型体育场

向前方大大倾斜的看台、覆盖全部座席的大顶棚悬梁壁，这些是如何实现的呢？

这是一道改善观赛环境的题目。前倾造型产生一定应力，这部分应力精准地施加在全长超过20 m的斜柱和V形柱上，实现建筑的简约构建。集中于斜柱上的力矩与后拉索形成的张力相互抵消。五金连接件细节部位的设计给人以轻盈之感。

两大支柱采用现场灌注预制混凝土进行构建，避免了搬运困难，减少了过多的接合部位，提高了建筑材料的精确度，丰富了设计感。一件建筑材料的使用长度若是增加，对精确度管理的要求也会相应提高，而此处末端采用了钢筋铁板连接件，减小乃至消除了误差。对应顶棚的每一个跨度，在地面上设立相应的作业单元，同时进行单元上方的支架和拉索的安装、收紧，因此不需要临时支架。建设精确度的测量采用了光学经纬仪和全站仪相结合的三维测量法。

在设计方与施工方的共同努力下，这道题目最终得到了满意的解答。

（岛村高平+坂口裕美+宫本昌和/大成建设）

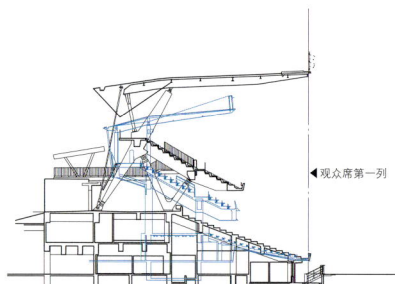

新建看台和原有后方看台（蓝线标记）的对照图。最前一列和最后一列的座席位置不进行改动，整体实现4000席位的扩增计划，最终可容纳27 495人

剖面图　比例尺 1:200

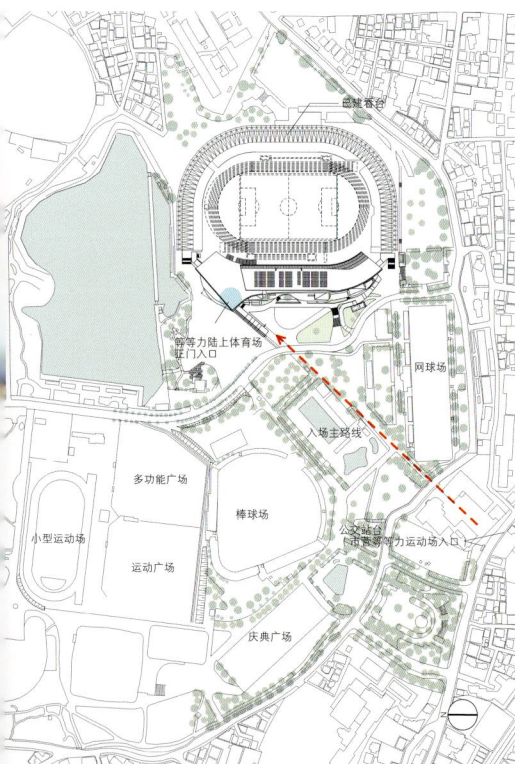

区域图　比例尺1:8000

建设与公园一体化的体育场

本体育场规划项目地处川崎市等等力绿化带内。项目致力于打造一个与公园"贯通""连接"的体育场，而并非单一的混凝土块般的建筑物。沿着从公园门口延伸到体育场的轴线看去，体育场的大顶棚直观地呈现于人们眼前，好似呼唤着人们的到来。这恰巧体现了"连接"这一点。本次规划虽为第一期工程，但在今后的计划中，将有一个有如大幅旗帜的顶棚环绕在体育场周边。"大幅旗帜"将起始于大大敞开的主门处，迎接前来的观众。其前方还将设计一个开放的露台，设计采用柔和的曲线线条，并充分考虑人体身形比例。露台沿袭绿色的主旨，进行绿化建设。为了不对周边的住宅区产生影响，尽可能控制顶棚的高度，其内檐也将采用再生木，与公园长久相伴、相映成趣。

改善观赛环境

为增强观众对体育场的临场感受与观赛舒适性，本规划进行了各种新尝试。

1）实现体育场的超前倾型设计

上层看台从下层看台上方大大地前倾，极大地缩小了观众与内场的距离，增强了观众和选手的"同时同地"之感。

2）双层看台、1层中央大厅的设计

1层中央大厅的设计，便于观众分辨自己所在的位置。卫生间统一设在中央大厅下层。避免了商铺和卫生间的交互错杂，缓解了中央大厅拥挤的状况。

3）卫生间及多彩向导

采用设置立体人像指示牌的方式指示卫生间的方向。这样一来，辨识度得到提高，还可避免指示变得混杂。去往卫生间的沿途墙壁采用绿色涂刷，屋顶：
防水板
水泥刨花板 t=18 mm 粘贴钢板

檐沟：
钢结构防水管 t=1.6 mm

屋顶：
防水板
隔热材料 t=50 mm
屋面板

排水坡度 4/100

照明：
体育场LED照明

检修专用狭窄通道
地板：楼纹板
扶手：热浸镀锌

天窗：
铝合金挤压材料
双层 PW10+FL8 mm

检修口

▽ 屋顶顶端（最高）

▽ 屋顶顶端

屋顶大梁 无机锌涂刷

维修专用走廊

扬声器

檐内：再生木

SiB+EP-1

销钉五金连接件

后拉索

PC地板顶部
现浇灌注混凝土

扶手：
热浸镀锌

8550

侧镶板：
氟碳聚合物烤漆涂装
ALPL t=2.0 mm

斜柱：PCa
（现场预制混凝土）

楼梯踢面间隙

上层看台

▽ 4FL

遮雨檐
双层 FL8 mm FL8 mm

梁：PCa

扶手：
热浸镀锌

9590

青铜像

销钉五金连接件

V形柱：PCa（现场预制混凝土）

楼梁 无机锌涂刷

中央大厅
地板：
水性无机透型地面涂料
混凝土加铺层 t=90 mm

轮椅席位

PC地板顶部
现浇灌注混凝土

扶手：
热浸镀锌

29 697

斜柱柱角五金连接件

导水管

观众座席：室外自动升降观众席
（铝压铸件骨架，高密度聚乙烯吹塑成型）

下层看台

▽ 3FL（避难层上层）

屋顶
换气间

屋顶
换气间

屋顶
换气间

地板：涂膜防水

SK

客用卫生间
（男）

客用卫生间
（女）

地板：
地面涂料

PS

扶手：
热浸镀锌

4200

檐内：
EP-1
SiB

媒体入口

墙壁
EP-2
清水钢筋混凝土

天花板：
EP-1
PB t=9.5 mm+12.5 mm

走廊

墙壁
EP-2 清水混凝土

选手更衣室

▽ 2FL

入口走廊

地板：
合成橡胶地砖

地板：
合成橡胶地砖

地板：
合成橡胶地砖

大赛统筹室

地板：
方块地板
（聚氯乙烯地砖）
活地板

球员休息区

内场

▽ 平均地基=设计地基=223
▽ 设计地基（T.P.5.8 m）

5280

地板：
地面涂料

1100

▽ 1FL（避难层）

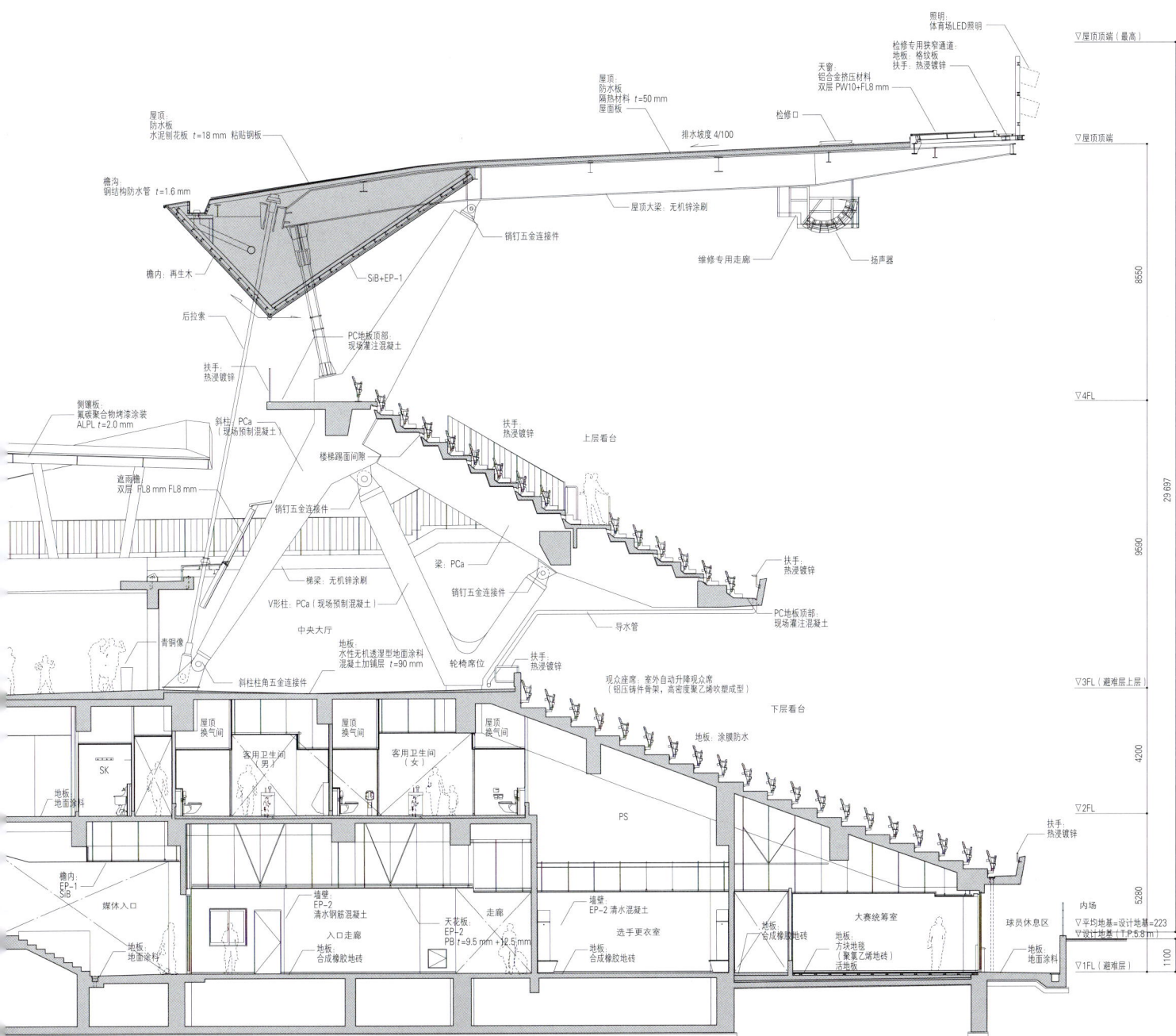

以此作为卫生间的辨识颜色，清晰明了。各单间内部墙壁均进行了彩色粉刷，方便辨别无人使用单间。

4）座席设计多种多样

在座席上，我们根据多种观赛需求进行了多样化设计。最上层设计了天空阳台、天空包厢，可以从上空全方位地观看内场比赛。

5）团队代表色

体育场外观与公园交相呼应。内部设计融合了主场足球队的团队代表色。赛场边缘也进行了分色填充，渲染着场上进行的速度之争。

（岩村雅人+吉田秀树/日本设计）

（翻译：程婧宇）

保证体育场正常使用　开展高难度施工

项目施工期间，正值日本职业足球联赛比赛进行时。建筑物内场一侧临时看台的搭建由其他的施工工程队进行。期间，禁止大型车辆出入，比赛进行时间内人员禁止通行，再加上工期较短，使整个施工难度提高。另外，由于跳远跑道上设置了临时看台，建筑材料的起重作业便只能从公园一侧进行。这种情况下不得不配合工程进度，频繁变换起重机的方位。为了缩短工期，上层的大型斜柱和V形柱的搭建采用了现场灌注预制混凝土的方式构建。我们还对风这一要素进行监测管理，确保现场浇筑质量不输于工厂制造。此外，我们还对屋顶钢筋组合的地上作业进行了单元划分，削减了内场上空的作业量。施工期间，为确保内场正常使用，进行高难度施工，积极展开风要素监测等作业，将安全施工贯彻到底。

（原岛功明/大成建设）

图片提供：日本设计

图片提供：大成建设

大顶棚的组装在看台之外进行，与后拉索同时从底部开始搭建。由于没有使用临时支架，因而在改建现场的旁边即可设置观众席。

仲町露台 小平市立仲町公民馆·仲町图书馆

设计　妹岛和世建筑设计事务所
施工　大成建设
所在地　东京都小平市
NAKAMACHI TERRACE
architects: KAZUYO SEJIMA & ASSOCIATES

东南街拍效果。仲町露台面向青梅街道而建，是一个将小平市仲町地区公民馆与图书馆功能一体化的公共学习设施。该建筑由多个金属网覆盖的立体几何空间组合而成，设置有多个入口。钢筋制，地下1层，地上3层。

多方位开放的场所

仲町露台紧临青梅街道而建。沿街的人流量很大，青梅街道作为老街依旧保持有它始建时的风采。用地周边绿树围绕，内侧水渠流淌，更有住宅区内的大片田地相伴。该建筑将原来的图书馆与附近的公民馆合二为一，实现多种功能一体化。

我们想在这片有着独特氛围的土地上，建造一个风格与之相匹配的建筑。用地虽临街，依傍的却不单单是这条街道，而是更为开阔的四面八方。人们从四面八方而来，会集于此。为了与这样的场景相匹配，我们精心设计了与之相符的建筑方式。

两个原本大不相同的建筑中，存在着多种多样的场地。我们想在仲町露台中，将这些场地尽可能以新的形式表现出来。

最后，我们构想出一个多场地相互衔接、共同拼接成一个整体的建筑蓝图，而非一整块建筑。多个建筑块内部联通，建筑与周边环境默契相融。建筑物多方向开放设计，迎接从各方前来的人们，从每个角度看都仿似建筑正面，每个建筑块的室内空间都各具特色。在进行合体时，会创造出更大的室内空间，为了避免过大，我们特别留意了建筑的剖面图，将地板变低一层，或让天花板更高一些，从而将不同空间区分开来。

整个建筑并非以某个大型场地作为中心，而是由多种小场地堆积起来。玻璃表面、墙面均由可反射柔和光线的铝制金属网覆盖。我们希望这样的建筑能够服务于人民，并成为这片独特环境中的一个崭新的公共空间。

（妹岛和世）

（翻译：程婧宇）

3层平面图

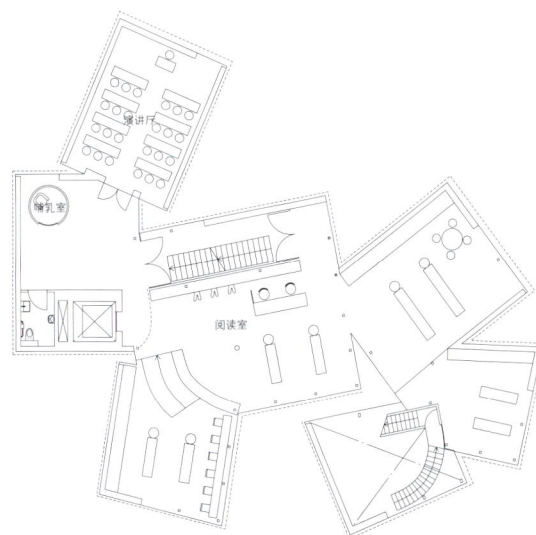

2层平面图

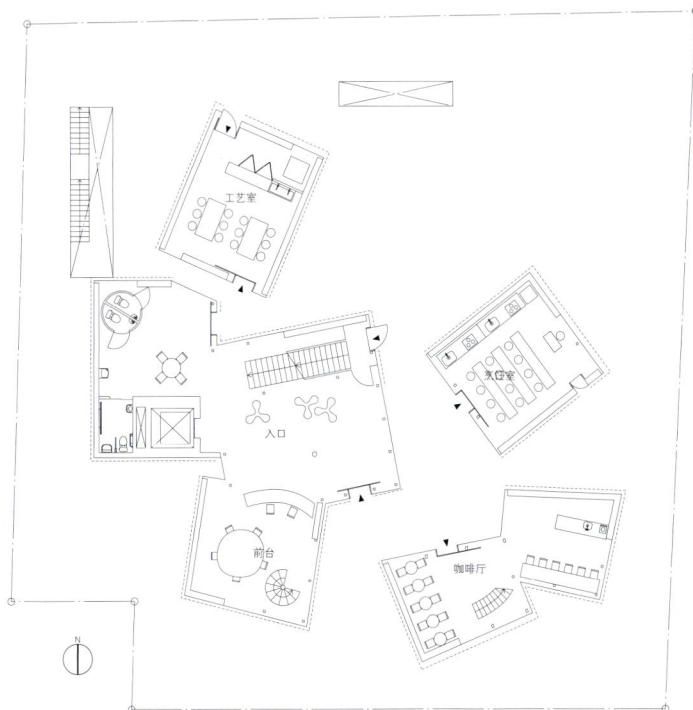

1层平面图　比例尺1:350

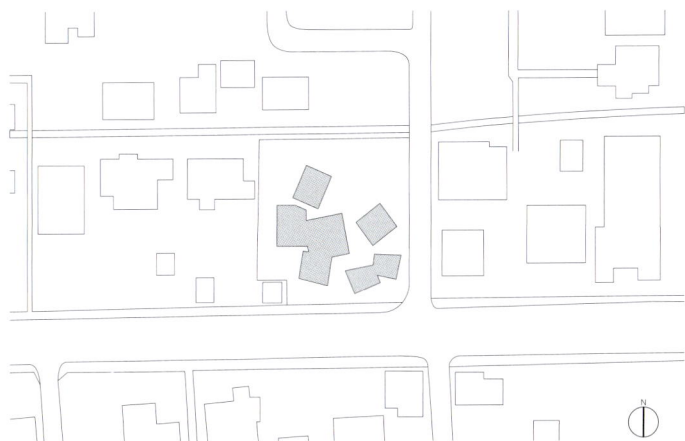

区域图　比例尺1:500

1层咖啡厅视角。咖啡厅（内侧）、烹饪室（左侧）、学习室等设置在离入口稍远的地方，呈离散式分布，中间是面向街区开放的通道

从2层阅读室俯瞰咖啡厅。通道内人来人往

设计：建筑：妹岛和世建筑设计事务所
　　　结构：佐佐木睦朗结构设计研究所
　　　设备：森村设计
施工：大成建设
用地面积：993.77 m²
建筑面积：361.94 m²
使用面积：1453.27 m²
层数：地下2层　地上3层
结构：钢筋结构　部分为钢筋混凝土结构
工期：2012年12月～2014年10月
摄影：日本新建筑社摄影部
（项目说明详见第167页）

咖啡馆顶棚高约6 m，面向青梅街道。可由螺旋楼梯进入图书馆。金属网可遮挡由外向内的视线

2层阅读室。随着层数增加，各个小空间越见紧密，并产生出多个类似壁龛的空间。左手边再向内走，是铺有地毯的儿童读书角。钢架支柱由L形钢构成。通柱和倾斜度大的支柱部分采用无垢材建造。外围并用拉伸杆与压缩杆，外露在内部空间的部分采用压缩杆

PB t=9.5 mm +12.5 mm
冷布油灰处理+EP

靠墙书架

阅读室   CH3230

支柱
St□-100 mm x100 mm
防火涂刷（1小时）指定颜色

∇3FL= GL+6670

清水混凝土

挤出成型水泥板 t=60 mm

铝制金属网
耐酸铝处理 t=2 mm

靠墙书架

阅读室   CH2940

支柱
St□-100 mm x100 mm
防火涂刷（1小时）指定颜色

∇2FL= GL+3430

清水混凝土

挤出成型水泥板 t=60 mm

铝制金属网
耐酸铝处理 t=2 mm

PB t=9.5 mm +12.5 mm+冷布油灰处理+EP

接待处   CH3050

支柱
St■-100 mm x100 mm
防火涂刷（1小时）指定颜色

∇1FL= GL+80

混凝土 t=55 mm
密封硬化剂

剖面详图 比例尺1:80

PB t=9.5 mm +12.5 mm
冷布油灰处理+EP   CH2830

阅读室

St窗框+双层中空玻璃 t=36 mm

铝制金属网
耐酸铝处理 t=2 mm

St-FB t=16 mm
热浸镀锌处理

地板 t=16 mm

∇3FL= GL+6670   300

支柱
St□-100 mm x100 mm
防火涂刷（1小时）指定颜色   CH2700

阅读室

St窗框+双层中空玻璃 t=36 mm

铝制金属网
耐酸铝处理 t=2 mm

St-FB t=16 mm
热浸镀锌处理

地板 t=16 mm   300

∇2FL= GL+3670   260 40

烹饪室   CH3290

支柱
St□-100 mm x100 mm
防火涂刷（1小时）指定颜色

St窗框+双层中空玻璃 t=36 mm

铝制金属网
耐酸铝处理 t=2 mm

St-FB t=16 mm
热浸镀锌处理

混凝土 t=55 mm
密封硬化剂

1FL= GL+80   600

演讲厅   阅读室   阅读室

工艺室   入口大厅   前台

会馆   谈话室   办公室

剖面详图 比例尺1:350

阅读室。右侧可见铺有地毯的儿童读书角

AOI Medical Academy

设计　FUJIWARA TEPPEI ARCHITECTS LABO
施工　关东建设工业

所在地　埼玉县深谷市
AOI MEDICAL ACADEMY
architects: FUJIWARA TEPPEI ARCHITECTS LABO

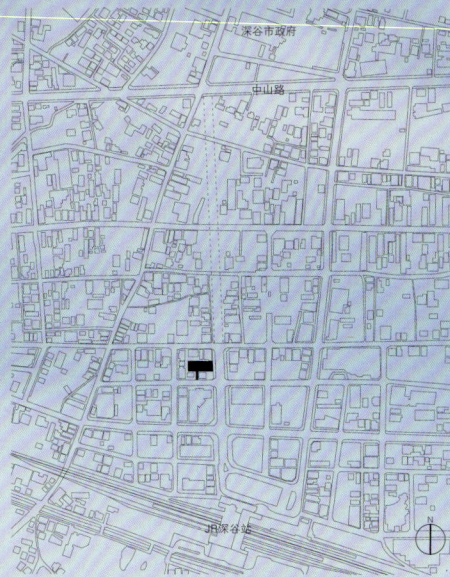

区域图　比例尺1:10 000

南侧深谷站广场视角。从深谷市医院内部搬迁至深谷站前的医疗专科学校，其搬迁后可使用面积有所减少，如何在设计创新的基础上确保可容纳学生的数量，已成为目前学校亟须解决的课题。该项目外墙采用与周围建筑材质相同的挤压混凝土板。

东侧视角。该项目中面积最小的教室由室内阳台、室外安全楼梯（半室外空间）构成。室外安全楼梯外部设有金属网，与室内阳台相接，可从外部清晰地看到室内的场景以及建筑的纵向流线。顶层为5人制室内足球场

校长办公室视角。校长办公室的前厅同时作为图书馆的入口大厅使用，并通过挑空打造出一体化空间，达到有效利用空间的目的。入口为面向街道的开放式设计，可从外部看到室内活动。此外，礼堂与图书馆相接，若平日无活动，其走廊整体空间都可作为学生的自习空间。入口处门斗高约4.5 m

设计：建筑：FUJIWARA TEPPEI ARCHITECTS LABO
　　　结构：OHNO JAPAN
　　　设备：森村设计
施工：关东建设工业
用地面积：490.58 m²
建筑面积：383.53 m²
使用面积：1906.74 m²
结构：钢筋结构
层数：地上6层　阁楼1层
工期：2014年4月～2015年1月
摄影：日本新建筑社摄影部
（项目说明详见第168页）

4层自习室视角。在自习室两侧设有未算入法定建筑面积、宽约2 m的室内阳台

城市新型建筑的兴起

医疗专科学校新址距离埼玉县深谷站步行不过3分钟的路程，虽然迁址后地理位置优越，但仍面临两大难题。

首先是规模问题。迁址前学校使用面积为2610 m²，迁址后即使最大限度开发，其可利用面积也仅有1960 m²。学校建筑指南以医疗法为基准，根据学校大致学生人数，对医疗专科学校的必备教室数量以及面积大小均有规定。所以我们在维持教育规模的同时需要大胆构思，对建筑规模优化调整。

其次是如何构建地方城市的新型建筑问题。迁址前，学校建筑多为箱型建筑，即钢筋构架＋ALC外墙＋铝制小窗开口。近十年来，这里的许多建筑均以经济合理性和施工合理性作为建筑准则。虽然对于委托人来说经济合理性尤为重要，但也同时要求建筑设计能够富有冲击性，以激发街道活力。

在设计过程中，首先要彻底调查医疗专科学校实况，掌握其与大学的不同之处。专科学校的学生入学后会每日自习到深夜，因此只要能够使自己集中精力的环境都可以作为自习室使用。此外，建筑指南中所要求的一些多功能教室平日里几乎用不到。例如，一年举行两次典礼所使用的礼堂、大量藏书的图书馆以及个别特殊实训室等。

我们的方案基于非常简单的想法。首先，最大限度减少通道占地。根据建筑指南要求，将内部设有个人存储柜的教室面积最大化，同时将最小教室楼层与多功能实训室楼层合并。无论是剖面还是平面，实训室都拥有极大的空间。通过最小限度限制教室面积，并使其在剖面方向上接近实训室，当学生在上下楼梯时即可发现适合自己的场所，同时达到营造建筑立体动态感的目的。礼堂位于1层，图书馆内的入口大厅，与办公室相邻，并通过挑空打造出一体化空间。另外，将建筑整体设计为开放式图书馆，在满足藏书规模的同时，将1层作为活动中心，加强建筑与城市的联系。

此外，虽然教室之间间距很小，且功能领域相互重合，使其规模问题得以解决，但是大家的活跃空间也不容忽视。因此利用未算入法定建筑面积的范围，最大限度地确保阳台以及外部楼梯的面积，将其作为连接室内外空间的过渡区域。

"最小限度"（充分利用最小空间）的教室与走廊、"最大限度"（充分利用最大空间）的休息型实训室与空旷空间都彼此相连，即将"最小限度"的透明性及合理性与"最大限度"的开放性融为一体。

箱型建筑即使采用同种ALC外部装饰，也无法达到这样的效果。例如，建筑与城市内部活动的连续性、过渡区域的立体感等。所以大家坚信这是一个能够创造出新型建筑的方案。

（翻译：郭启迪）

前方道路视角。道路尽头为深谷站

西侧教室。窗户分为上下两部分，下方为固定玻璃，上方为双槽推拉窗。窗户开合安全，为开放式教室

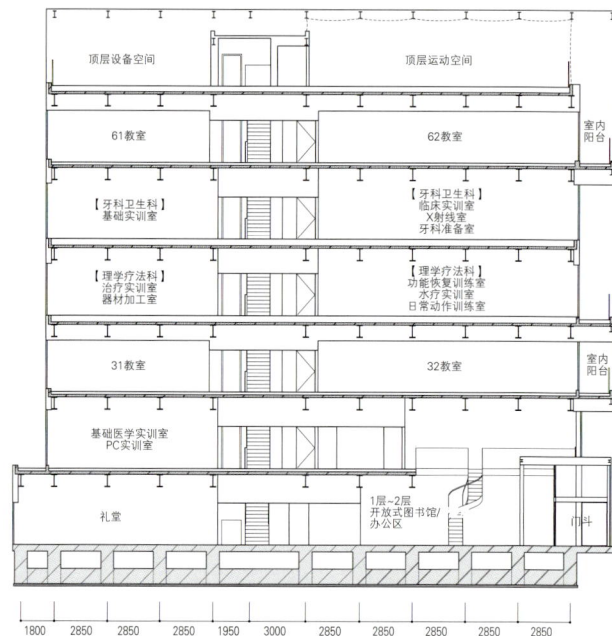

6层平面图

详见第123页

4层平面图

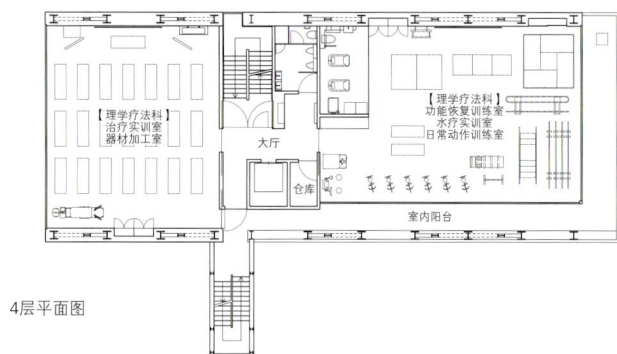

2层平面图

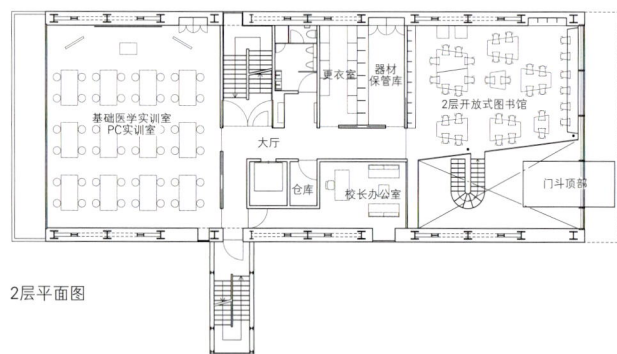

1层平面图　比例尺1:400

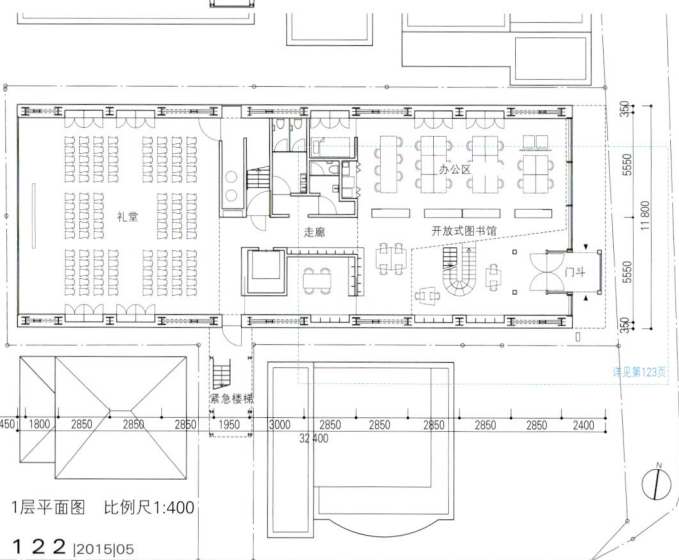

剖面图　比例尺1:400

上：开放式图书馆俯视图。在墙壁内侧等狭小空间内设有书架，其开架藏书量已达到规定的1000本/下：从走廊看向入口。走廊边设有书架，与礼堂实现一体化

法定建筑面积外的半室外空间布局

嵌入储存柜（室内设施）

女卫生间

63教室

室内安全楼梯

UP

室内消防栓

室外消防栓
SUSt1.5

垃圾箱（室内设施）

顶棚：耐火石膏板 t=9 mm+AEP
地板：超长聚氯乙烯薄膜 t=2.5 mm

顶棚：耐火石膏板 t=9 mm+AEP
地板：超长聚氯乙烯薄膜 t=2.5 mm

61教室

6层大厅

主要防火隔断墙
HPB t=9.5 mm+12.5 mm
双层（至顶棚内侧）

顶棚：岩棉隔音板 t=9 mm+AEP
地板：超长聚氯乙烯薄膜 t=2.5 mm

玻璃棉填充

学生用桌·椅子 x40
（移动备用品）

EV区域
t=60 mm
OP现场涂漆

62教室

EV

主要防火隔断墙
HPB t=9.5 mm+12.5 mm
双层（至顶棚内侧）

主要防火隔断墙
HPB t=9.5 mm+12.5 mm
双层（至顶棚内侧）

外墙 t=60 mm
光触媒涂料 现场涂漆

6层仓库
顶棚：耐火石膏板 t=9 mm+AEP
地板：超长聚氯乙烯薄膜 t=2.5 mm

嵌入式搁板（室内设施）

嵌入式柜子

栏杆：St FB12 mm x 38 mm
防锈涂漆上方OP
h=1200 mm

室内阳台

顶棚：高压锯屑水泥板 t=20 mm
地板：橡胶碎屑铺砌 t=10 mm

栏杆：St FB12 mm x 38 mm
防锈涂漆上方OP
h=1200 mm

外墙 t=60 mm
光触媒涂料 现场涂漆

室内安全楼梯

室外安全楼梯
顶棚：防锈涂漆上方OP
地板：橡胶碎屑铺砌 t=10 mm

铝制落水管
H-414 x 405 x 18 x 28
耐火涂漆 t=2.5 mm（耐火1h）

H-175 x 175 x
7.5 x 11耐火涂漆 t=2.5 mm（耐火1h）

H-400 x 200 x 8 x 13
耐火涂漆 t=2.5 mm（耐火1h）

414 mm x 405 mm x 18 mm x 28 mm
岩棉喷涂 t=25 mm（耐火1h）

外墙 t=60 mm
光触媒涂料 现场涂漆

扩展金属嵌板
TKSX62 + L-40 x 40 x 5
防锈涂漆上方OP

H-150 mm x 150 mm x 7 mm x 10 mm
防锈涂漆上方OP

室外安全楼梯（钢架结构）
踏面：250
高度：200
幅员：900
栏杆：h=900

6层平面详图　比例尺1:100　充分利用未算入法定建筑面积的范围，使内部阳台以及室外安全楼梯与教室相接，并作为连接室内外空间的过渡区域

实训室南面阳台视角。支柱皆为H形钢材质。利用未算入法定建筑面积的范围，尽可能使实训室与教室相邻，并将其用作日常活动空间

南侧视角。室外安全楼梯外部覆盖有金属网，向外突出

由场所的多功能性衍生出的多样化空间　与城市空间自然过渡

迷你厨房（室内设施）

冷藏库
移动备用品

热水区

厕所

烟茶机
移动备用品

教员桌椅
（移动备用品）

办公区

教员桌椅
（移动备用品）

顶棚：钢甲板表面OP
地板：天然油毡薄膜 t=2.5 mm
（forbo - Dandelion）

浸透沥青
（涂漆：人行道颜色相同）

SK

切片

玻璃棉填充

柜台（室内设施）h=1300

柜台（室内设施）h=1300

柜台（室内设施）h=1300

柜台（室内设施）h=900

CW方立：StPL 60 x 180mm

钢幕墙
w=10 500
x h=7180 mm
PW6.8+A18+FL8

切片

图书借阅PC

室内设施柜台 x4
天花板：三聚氰胺装饰胶合板 柳安木核心 t=18 mm 底层
面材：背衬材质地 柳安木核心 t=18 mm 底层

学校案内用PC

CW无槽门框
StPL 70 x 60mm

礼堂

1层走廊
顶棚：岩棉隔音板 t=9 mm+AEP
地板：天然油毡薄膜 t=2.5 mm
（forbo - Dandelion）

CH=2200

CH=3685

螺旋阶段（铁骨造）
踏面：234/278
踢上：200
幅员：750
手摺：h=1100

玻璃框 h=2200
兼兼备防盗

自动门
h=2200

有效1325

书架（室内设施）

开放式图书馆

支柱：□125 x 125 x 12
+SUS t=1.6 mm HL

CH=7720

CH=4210

自动门
h=2200 mm

图书阅览室
兼洽谈室

书架（室内设施）

搁板支座
StPL t=4.5 mm
搁板支座底层
□-75 x 75 x14.5
搁板：椴木合板 t=30 mm
染白擦拭

桌椅
（室内设施）

桌椅
（室内设施）

桌椅
（室内设施）

顶棚：PB t=9.5 mm银朱漆
地板：SUS型 t=25 mm

门斗

钢像
（移动备用品）

前面道路

桌椅
（移动备用品）

搁板·椴木合板
t=30 mm
染白擦拭

CH=2200

CH=7720

顶棚：钢甲板表面OP
地板：天然油毡薄膜 t=2.5 mm
（forbo - Dandelion）

外墙 t=60 mm
45°切角
光触媒涂料 现场涂漆

嵌入式存储柜
（室内设施）

告示板（室内设施）

嵌入式书架
（室内设施）

【标识】综合指示板
SUS t=1.2 mm HL 箱弯曲
各层地板材质相同

定植板
白大理石

有效1325

内线电话
+邮筒（室内设施）
SUS t=1.5 mm HL 侧床弯曲

1层平面详图　比例尺1:100　开放式办公空间与图书馆相连，入口为面向街道的开放式设计，可在外部看到室内活动。此外，礼堂与图书馆相接，若平日无活动，连走廊的整体空间都可作为学生的自习空间

三次市农业交流合作平台
三次市商品市场

设计　中圆哲也/NAF ARCHITECT & DESIGN、崇城大学
　　　名和研二/NAWAKEN JI-M
施工　分离承包（委托人直接经营的施工方式）
所在地　广岛县三次市
FARM STAND TRETT MIYOSHI
architects: TETSUYA NAKAZONO / NAF ARCHITECT & DESIGN, SOJO UNIVERSITY
　　　　　KENJI NAWA / NAWAKEN JI-M

东侧外部视角。该项目位于广岛县三次市，是以销售当地特产为主的农业交流合作平台。主顶板均由"本花"（由4根三次市产的杉树圆木组合而成的花状支柱，用来支撑建筑物主顶板）支撑

农产品交易市场以多个交叉型支柱作为支撑，不仅能够加强垂直力度，
更具有抗震性能。主顶板上的格子梁上下交错，并与下方4根交叉型
圆木支柱相接。顶棚高5667 mm ~ 6135 mm，梁为洋松，柱为三次
市产杉树

木花——三次市多样化产业发展的象征

2015年3月22日，横贯自动车道（由姬路鸟取线、冈山米子线、尾道松江线和广岛浜田线组成的干道）尾道松江线全线开通，尾道松江线与纵贯自动车道（起点为吹田市，终点为下关市的干道）相交于三次市（位于岛根县与广岛县中部），并连接尾道市与西濑户高速公路（濑户内群岛国道），贯通山阴、山阳、四国，使日本海、濑户内海以及太平洋相通，这一路也成为景色壮观的观光路线。2015年3月21日，位于三次市的农业交流合作平台"三次市商品市场"竣工。

该项目位于这一庞大道路网的结点处，即三次市葡萄酒酿造厂、三次市运动公园、奥田元宋·小由女美术馆等主要建筑交叉点的一角。该项目并非作为驿站而建，而是一个工、农、商合作平台，旨在提升农、林、畜等产业活力。其中主要包含农产品及工艺品交易处、烹饪体验室、面包房、餐馆、信息区、露台以及草坪广场等呈放射状分布的空间区域，这不仅使产品交易更为多元化，还通过可视化烹饪体验室以及烹饪现场，加强生产者与消费者的交流，进而推动三次市生产力的发展。

另外，受山地地形以及气候、水土的影响，三次市农林水果产业得以大力发展。周边有成片的葡萄园，绿树成荫，枝繁叶茂，人们纷至沓来。主交易场所的上部空间覆盖着由木材做成的顶板，并以杉树圆木"木花"为支柱。"木花"支柱不同于普通横梁，可触摸且手感舒适。由于用地周边被杉树林所环绕，所以在项目规划阶段就决定以杉树作为"木花"支柱原料。"木花"是三次市的象征，也是该项目的核心组成部分。

三次市通过发展多元化产业，提高地域活力，为人们带来新生力量，而该地建筑也受其影响，注入了新的时代内涵。

（中圆哲也）

（翻译：郭启迪）

平面图 比例尺1:300

25 500
11 500 7000 7000 4000 2000
6000

5000
7000
5000
7000
37 400
13 400

▽道路分界线
▽道路分界线

男更衣室
冷藏室
办公室
女更衣室
休息室
哺乳室
仓库
女卫生间
多功能厕所
男卫生间
厨房
面包房
露台
烹饪体验室
柜台
农产品柜台
露台
更衣室
厨房
饮食区（外卖）
农产品柜台
信息台
餐厅
露台
门厅
露台
机械放置处
农场
农场

8000

10000
4000
5000

A
A

N

北侧视角。该项目面向2015年3月全面开通的尾道松江线而建

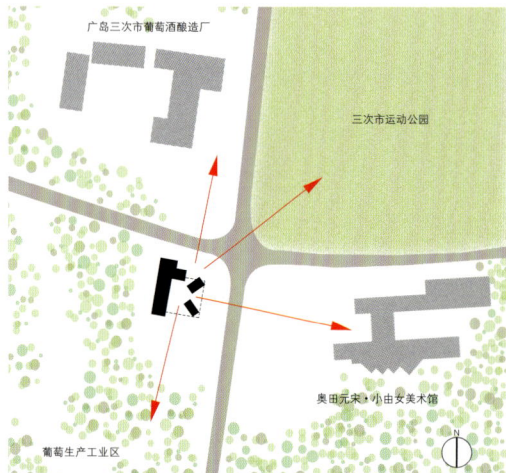

广岛三次市葡萄酒酿造厂
三次市运动公园
奥田元宋·小由女美术馆
葡萄生产工业区

区域图 比例尺1:5000

N

侧落台下方……台雨篷布置……附近的日常……
内外融合连接成为一体。雨篷上方出檐宽度为6200 mm。

ENTRANCE

开业后的农产品交易市场。内部建有绿"木花"，支柱下
方设有日常用品售卖柜台，销售三次町特产

承担建筑垂直力与水平力的杉树圆木倾斜式"木花"

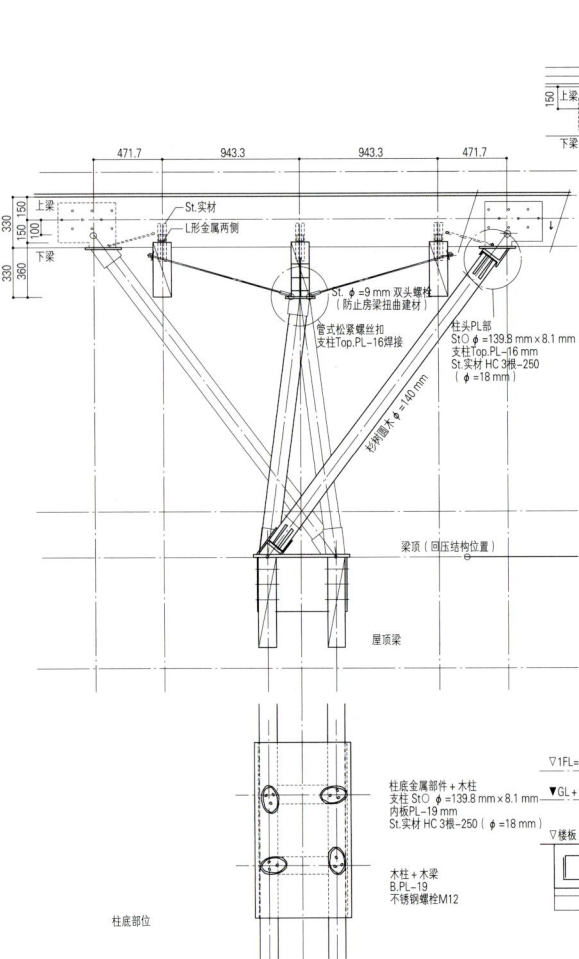

中型"木花"接合部详图　比例尺1:50

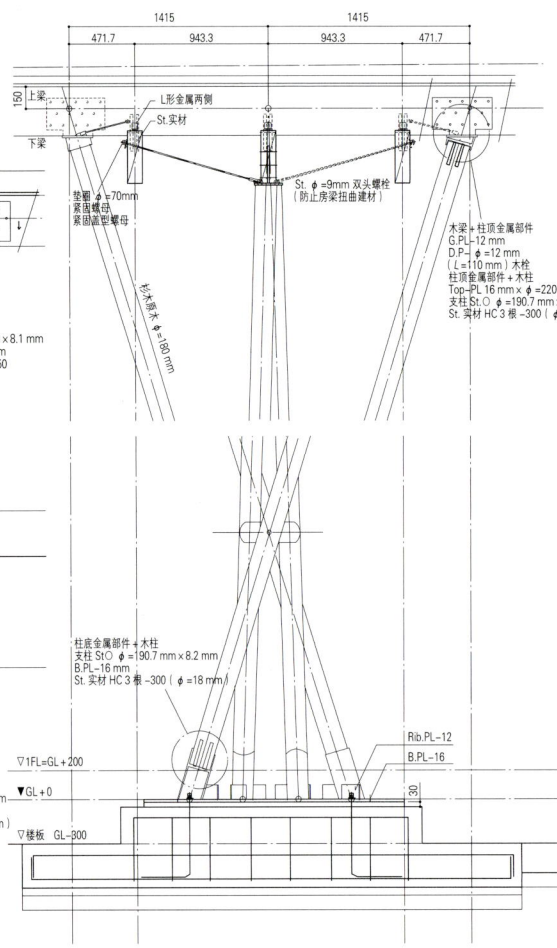

大型"木花"接合部详图　比例尺1:50

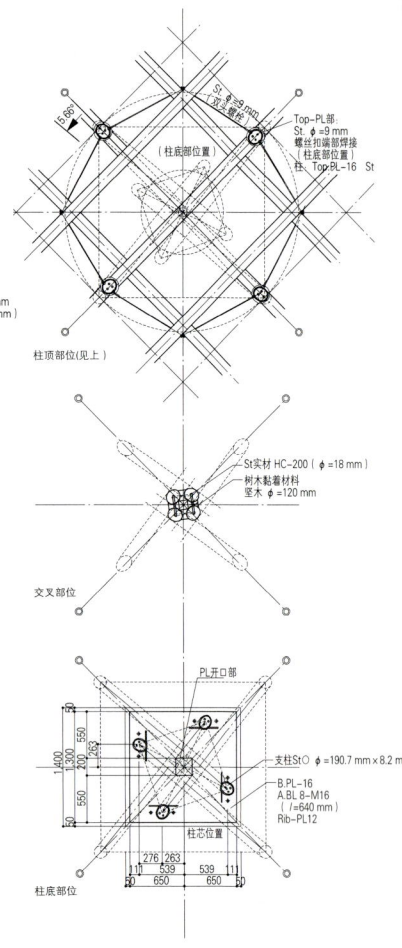

"木花"平面图　比例尺1:80

设计：建筑：中圆哲也/NAF ARCHITECT & DESIGN、崇城大学
　　　结构：名和研二/NAWAKEN JI–M
　　　设备：AI设计
施工：分离承包
用地面积：6328.63 m²
建筑面积：908.40 m²
使用面积：863.47m²
层数：地上1层
结构：木结构（框架施工法）
工期：2014年6月～2015年3月
摄影：日本新建筑社摄影部（特别标注除外）
（项目说明详见第168页）

施工现场。首先搭建"木花"部位

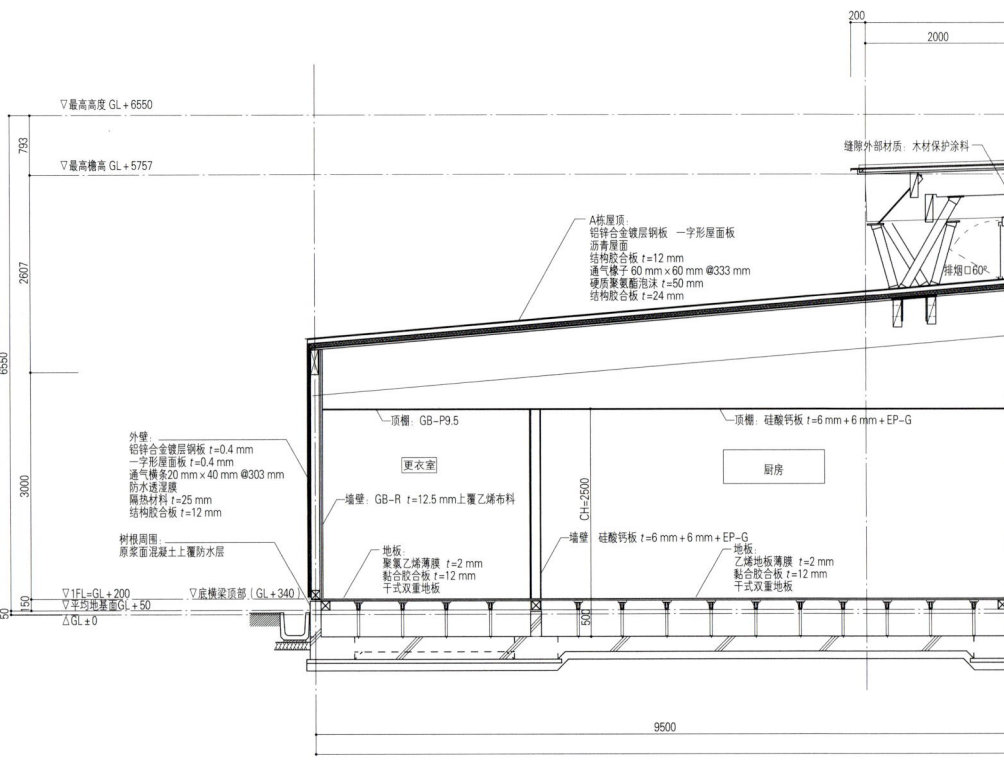

剖面图　比例尺1:100

主屋顶结构——倾斜式"木花"与格子梁

在该项目中,"木花"分为大中小3种,每组由4根三次市产杉树圆木组成。该建筑上方主要空间覆盖着由长约90 cm的沥青格子梁构成的主顶板。"木花"作为该建筑的标志性设计,不仅起到承担建筑垂直力与水平力的作用,而且打造出了朴素的建筑风格。该项目采用木结构设计,由广岛县日本有机农业标准认证机构对当地木材进行审核,确认其圆木强度,选择出适合作为公共建筑中"木花"支柱的木材。

大"木花"下方为交易商品陈列区,与建于箱状屋顶内部的中小型"木花"共同支撑主顶板。主顶板下方的格子梁上下交叉相互重叠,从屋顶下方看为格子状,从侧面看为并行单梁式结构。另外,格子梁与水平方向呈45°角排列,可通过改变"木花"与格子梁的位置,来调整建筑内使用者的活动空间。屋顶交叉部位以及倾斜式圆柱接合部位通过环氧树脂黏合五金来承担一部分张力,以代替普通木工接合(由下而上支撑)方式,在构件材料接合部位采取自由连接方式。

(名和研二)

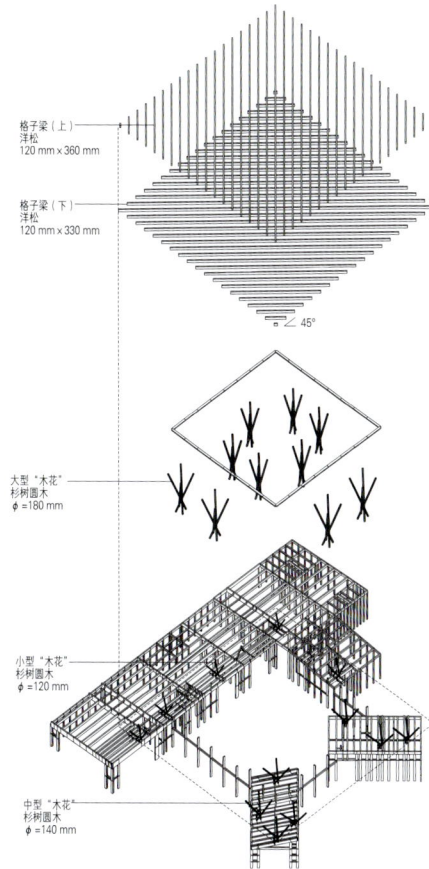

格子梁(上)
洋松
120 mm×360 mm

格子梁(下)
洋松
120 mm×330 mm

45°

大型"木花"
杉树圆木
φ=180 mm

小型"木花"
杉树圆木
φ=120 mm

中型"木花"
杉树圆木
φ=140 mm

分析图

东北侧夜景。用来照射主顶板的照明灯设于"木花"中心位置

餐厅。照明设备由广岛县照明设计师、家具师以及建筑师利用三次市木材共同制作而成

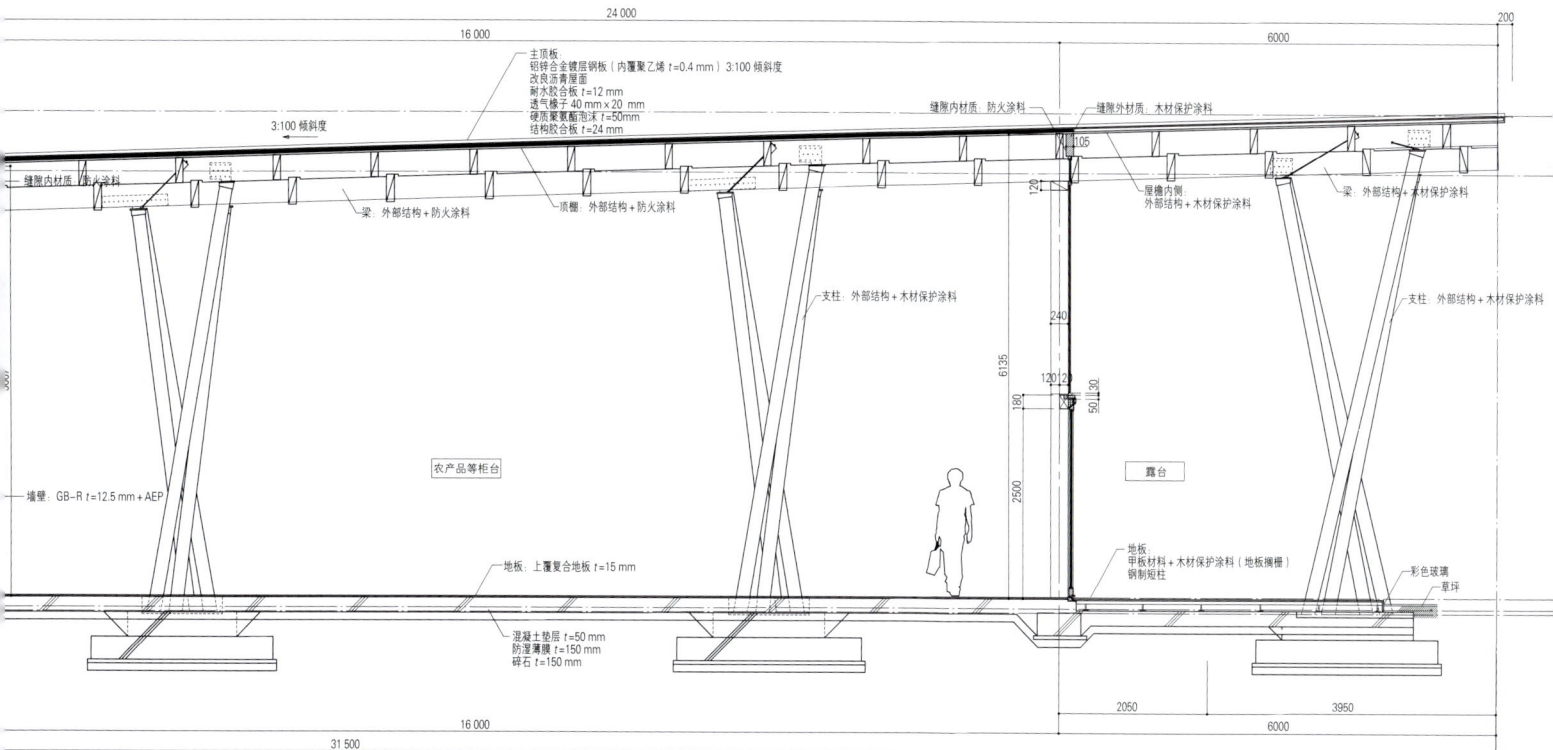

主顶板:
铝锌合金镀层钢板(内覆聚乙烯 t=0.4 mm)3:100 倾斜度
改良沥青屋面
耐水胶合板 t=12 mm
透气椽子 40 mm×20 mm
硬质聚氨酯泡沫 t=50mm
结构胶合板 t=24 mm

3:100 倾斜度

缝隙内材质:防火涂料   缝隙外材质:木材保护涂料

缝隙内材质:防火涂料

梁:外部结构+防火涂料   顶棚:外部结构+防火涂料   屋檐内侧:外部结构+木材保护涂料   梁:外部结构+木材保护涂料

支柱:外部结构+木材保护涂料   支柱:外部结构+木材保护涂料

墙壁:GB-R t=12.5 mm+AEP

农产品等柜台

地板:上覆复合地板 t=15 mm   地板:甲板材料+木材保护涂料(地板摆栅) 钢制短柱   彩色玻璃 草坪

露台

混凝土垫层 t=50 mm
防湿薄膜 t=150 mm
碎石 t=150 mm

24 000
16 000   6000   200
120
1:05
240
6135
120 20
180
50 90
2500
2050   3950
16 000   6000
31 500

薮原宿振兴广场 微笑馆

设计 信州大学寺内美纪子研究室＋山田建筑设计室
施工 木曽土建工业
所在地 长野县木曽郡木祖村
YABUHARA COMMUNITY SALON WARANKAN
architects: MIKIKO TERAUCHI AND TERALAB, YAMADA ARCHITECT'S OFFICE

东侧视角。该项目为地方交流设施，建于长野县木祖村（坐落于木曾川源头的安静村落）的市街地交通面向相邻道路，木祖村办事处旧址，被规划为地方居民与观光旅客皆可使用的设施。此外，该项目还包括文娱活动等集会场所以及助残面包房等设施。该建筑设施被命名为"微笑馆"，是希望聚集于此的人们能够在此度过愉悦的时光。屋顶材质为铝锌合金镀层钢板构成的厚度为0.4 mm的金属面板

集会场所1。梁为落叶松木材，规格为120 mm×300 mm与120 mm×180 mm。该建筑参考当地传统日式屋架，极少使用大型木材，采用由小型木材进行水平及垂直连接的木质屋架结构。天花板高2800 mm～5430 mm

该地区起源于江户时代的中山道薮原宿，发展至今形成村落，其沿街仍保留有排房式住宅。该项目也将继续延续传统排房的结构、屋顶倾角以及檐高等，以保持与沿街建筑相同的建筑风格

广场。周边建筑物间距为3 m～4.5 m，屋顶大都倾斜。该项目以周边建筑为基准，出檐宽度与传统建筑保持一致，穿过房檐即可通向广场。广场可用来举办周末集市、节日集会，冬季还可以用作积雪堆放场

设计：建筑：信州大学寺内美纪子研究室
　　　　　　＋山田建筑设计室
　　　　结构：金箱结构设计事务所
施工：木曾土建工业
用地面积：1070.82 m²
建筑面积：405.88 m²
使用面积：439.35 m²
层数：地上2层
结构：木结构
工期：2014年5月～2014年11月
摄影：日本新建筑社摄影部（特别标注除
外）
（项目说明详见第169页）

垂直落水管 φ=100 mm
铝锌合金镀层钢板 t=0.4 mm

檐沟（箱形 w=150 mm × h=70 mm 左右）
铝锌合金镀层钢板 t=0.4 mm
融雪加热装置

铝锌合金镀层钢板 t=0.4 mm
金属面板 @300 mm

防雪板
St.L−45 mm × 45 mm 熔融镀锌

面包房上部（挑空）

聚集区②
地板：结构胶合板 t=24 mm

屋顶构架（挑空）

2FL=GL+2924

屋顶构架

屋顶构架（挑空）

2层平面图

沙砾 t=50 mm

GL+200

办公室
地板：超长聚氯乙烯薄膜
1FL=GL+200

水井

水井

接触沃溜

面包房
地板：超长聚氯乙烯薄膜
GL+200

开放型存放处

接待柜台

玄关大厅
地板：铁平石 t=20 mm
混凝土平板 t=30 mm
1FL=GL+200

聚集区①
地板：铁平石 t=20 mm
混凝土平板 t=30 mm
1FL=GL+200

休息区

中木 ×9 根　高木 ×6 根
（茶梅、冬青、树参、碧椎、七叶树等）

广场
脱色透水性沥青铺地 t=40 mm
GL±0

旧中山道

混凝土水泥地
SUS 零件 @1820 mm

混凝土楼板
t=150

混凝土护墙 w=150 mm

倾斜度 1/8 w=3000 mm
混凝土楼板 t=150 mm
毛刷门垫

混凝土楼板 t=150 mm
毛刷门垫

倾斜度 1/6

1层平面图　比例尺1:300

公共空间规划

日本国内平均空房率为13%，偏远区域可达到30%以上。长野县木祖村薮原便是如此，该地作为旧中山道宿场町发展起来，在经济快速成长期人口曾达到5000人，现今人口约为3000人。2012年着手制作建筑景观规划。2013年将木祖村办事处旧址划入规化范围。此外，该项目还包括了集会场所、助残面包房以及公共厕所等便民设施，也希望该设施能够成为村里大型活动场所和儿童游乐场地。景观规划中虽然要求薮原地区以"历史景观与兴盛"为主题，但并未对其设置特殊规定与制度。由当地有识之士组成的景观规划制订委员会将接替景观旧址开发研讨会的工作，在景观规划要求基础上，将微笑馆设计为模范公共建筑。薮原宿排房式建筑墙壁相接，屋檐相连，但很少有挑檐、格子窗以及灰浆等江户时代的建筑要素。经过多次扩建，最后只在其建筑横宽与屋顶形状上保留宿场町时代的建筑风格。在该项目建设过程中，为确保南侧广场面积，将建筑横宽向北侧平移一个屋檐宽

度。但是，为了使广场面积与薮原宿规模相匹配，我们计划利用悬挂灯笼的大门以及公共汽车站台支柱来扩展建筑屋面，增加屋檐空间，从而划分出广场与街道区域。

目前由于日本全国各地都流行木质公共建筑，所以当地木材颇受关注。木曾扁柏这一木材用来作为底横梁与隐柱墙的支柱，而明梁、短柱、椽子以及檩条多使用当地的落叶松。虽然落叶松适应性强，生长较快，可在县内大规模种植，但林业衰退导致林木采伐推迟、木材流通受阻，而且弯曲的树干无法作为建材使用。因此，为了缓和木材资源紧缺的状况，以落叶松胶合层积材作为大梁木材，用加工型小梁以及短柱作为屋面结构。这种建构方式是以排房等日式屋架的建构方式为基础并加以改进，其中大型建材极少，多是利用小型建材来连接建筑水平以及垂直结构，体现了人们以当地山林作为生产地来促进地区持续发展的智慧。活动区内该结构占屋面的一半，并未与另一半划分开，而不含斜材的屋顶构架作为2层活动区域。

以前该地区的活动设施非常齐全，兴趣活动与趣味交流等也十分频繁，居民之间相互认识并能够亲昵地称呼对方，因此过去村里所谓的公共空间即为公共程度较高的共用空间。我们现在能做的就是尽力维持这种共用空间。微笑馆就是追求这种公共空间的特别建筑。从本年度起，日本将正式制定空房对策（在日本，未经产权人许可进入他人住宅，在法律上构成"住宅侵入罪"，政府也不例外。因此，如果住宅产权人不尽社会责任，如闲置危房，堆积垃圾，造成防灾、卫生和景观等方面的问题时，政府和社区也无能为力。2015年5月，日本颁布实施了一个新的法律，叫《有关推进空房等对策的特别措施法》），信州大学寺内研究室也将持续参与这一对策的讨论。此外，公共空间的增加也被纳入未来计划当中。

（寺内美纪子／信州大学寺内研究室）

玄关大厅视角。接待柜台出售当地特产。内部为集会场所①

上：集会场所②。地板为结构胶合板，墙壁为柳安木胶合板，天花板为OSB胶合板
下：玄关大厅。地板为铁平石与混凝土块平板组合建材

该项目计划在构建时将面包房的结构框架隐藏于整体空间中

【屋顶】
铝锌合金镀层钢板 t=0.4 mm 金属面板
沥青屋面 22 kg
屋顶通气树脂网 t=12 mm
黏着毡S沥青薄膜
OSB胶合板 t=12 mm 双面聚苯乙烯隔热 t=140 mm
〔结构隔热屋顶复合板〕

梁 120 mm × 300 mm

主屋 120 mm × 120 mm

主屋 120 mm × 120 mm
梁 120 mm × 180 mm

大梁 120 mm × 450 mm　小梁 120 mm × 180 mm

梁 120 mm × 300 mm

椽子 120 mm × 180 mm

梁 120 mm ×

聚集区①

【开口部位】
固定窗木质窗框
玻璃：多层隔热玻璃（low-e）
框架：西方边框花柏
涂两回Xyladecor〔德国研发的一种适合日本风土的木材专用保护涂漆〕

【外墙】
特样花柏（含节孔）t=18 mm
w=90 mm
涂两回Xyladecor
通气横条（梨子面横板）t=18 mm
穿透性遮湿防水薄膜
隔热网C超丝 t=25 mm
结构胶合板 t=9 mm
同柱：枕木120 mm × 45 mm @455 mm
同柱：同热隔热玻璃 24 kg t=105 mm

室外休息区

【地板】
铁平石 t=20 mm 一部分为混凝土平板 t=30 mm
干拌混凝土 t=20 mm 一部分为 t=10 mm
灰浆垫层 t=60 mm〔埋设温水管 Φ=16 mm〕
温水地团铺钢丝网 6-300
聚苯乙烯泡沫塑料 t=50 mm
混凝土楼板 t=150 mm
〔嵌入式采暖系统〕
1FL＝GL+200

【室外休息区地团】
木面平石 t=20 mm
一部分为混凝土平板 t=30 mm
灰浆 t=60 mm 一部分为 t=50 mm
混凝土楼板 t=60 mm
碎石 t=60 mm

部分剖面详图　比例尺1:70

2012年3月
景观规划
研讨会

此次研讨会关注的是与居民共同探讨景观设计相关事宜

收集居民意见并记录于卡片上。统计意见条数以及公开分析
其内在联系

景观规划制订研讨会

长野县木祖村虽然人口过于稀疏，但作为木曾川源头村落，
自然环境优越，产业呈现多样化，所以该县景观规划以打造
年轻人乐于居住的村落为改建目标。2012年6月，信州大学
寺内研究室与当地居民再次开展研讨会，以"生活""观
光""源头与水""山与树""历史与街道"这5个主题为
中心，遵循景观规划的基本方针，制订出《源头村落——木
祖村景观规划》这一方案

2012年6月
全面调查景观
规划

区域图　比例尺1:1500

沿街房屋排列格局与空房的现状调查

中山道宿场町从繁荣时期至今，其房屋排列格局发生了极大变化。现今的建筑要素中既包含了挑檐、格子窗等地区传统要素，也包含
了涂炭与金属嵌板、喷涂材料等现代要素

上：旧中山道。左侧为该地传统木质房屋
下：传统木质房屋内部。极少使用大型木材，多是利用小
型木材进行水平及垂直连接的木质屋架结构

2013年3月
景观规划的
制订

源头村落——木祖村的景观规划被制作成册

源头村落——木祖村景观规划

该项目根据村落景观特征以及其问题点等现状，制订出符合木祖村风格的景
观实施方针，并规划了景观发展前景。在继承旧中山道宿场町风貌的同时，
修建多功能交流场所，以景观规划作为村落改建的指导方针，进一步探讨地
区景观发展前景

2013年4月~
2014年11月
策划薮原宿振兴广场
微笑馆实施方案

居民说明会。发表由研讨会制订的计划方案。该
方案以修建便于居民集会的设施为目标，重视总
布局与广场的联系

探讨跃层方案
探讨连接面包工房与大厅的2层修建计划

薮原宿振兴广场 微笑馆实施设计规划

该项目决定拆除木祖村旧办事处建筑，在其旧址修建新设施。由于选址位于景观规划的重要区域薮原，因
此在实施设计过程中需实现历史景观与新建筑的融合。在考虑房屋布局的基础上，立足于原政府机构旧址
利用调查委员会的规定，设计出多功能设施

君田天空之庭　OGINAU　驿站森林君田停车场公厕建筑

基本设计・监修　穴吹设计专科学校空间组 TEAM OGINAU
实施设计　山谷建筑设计事务所
施工　加藤组

所在地　广岛县三次市
GARDEN OF THE SKY, OGINAU
architects: TEAM OGINAU (ANABUKI DESIGN COLLEGE HIROSHIMA) + 240DESIGN/ARCHITECTS, YAMATANI ARCHITECTURAL DESIGN

西南侧外观。该项目为广岛县三次市驿站森林君田停车场公厕改建工程。原有公厕建筑周围是木质百叶窗，上方为玻璃屋架，便于厕所内部采光与通风

从天空走廊看天空休息区视角，原有公厕周围均是木质屋架，通过百叶窗与玻璃屋顶可扩大其空间。该项目除了增加卫生设备空间以外，还将走廊等规划为休息区

平面图　比例尺1:150

原有公厕与新建建筑的连接部位。直接连接砖瓦（原有）与杉木板（新建）。利用钢板加固并延长檐端与椽子的连接部位，顶部为玻璃屋顶

君田天空之庭　OGINAU

　　该项目是广岛县推进魅力建筑创新事业的一个环节，采用并实施2013广岛建筑学生挑战设计竞赛（委员长：三分一博志）中的最佳设计方案。本次竞赛以广岛县三次市君田町交流中心森林君田停车场内的公共厕所为改造建筑，以激发君田自然魅力为主题，并考虑附近因高速公路建设而导致厕所使用人数增加这一情况，增加卫生设备数量。此外，我们在最大限度利用厕所空间的同时，还要充分利用君田的风、天空以及山林等自然元素，设计出新

建筑方案来弥补原有厕所的不足之处。具体来讲，即确保原有厕所周围的新卫生空间和充分利用等候处与走廊的空间，避免对该地停车场系统造成影响。改建后，以木质百叶窗为墙壁，利用山间清风来解决厕所内部的通风问题。此外，当冬季到来，积雪塞满百叶窗缝隙时，如同雪屋一般的厕所可防止季风吹入内部。扩建部分所采用的玻璃屋顶让人觉得宽敞明亮，透过玻璃屋顶，不仅可以眺望到翠山、赤日、晴空以及白云等美景，还可以在冰雪融化或雨季到来时，欣赏到水珠沿着玻璃与百叶窗缓缓而

下的动态美。由此可见，该项目在尊重当地秀丽风景的基础上，与周边建筑完美搭配，并被称为"天空之庭"。

（森下友也·清水均·锦织沙希·波志悠平·增井和哉·右田拳斗＋西尾通哲）
（翻译：郭启迪）

东侧视角。驿站森林君田

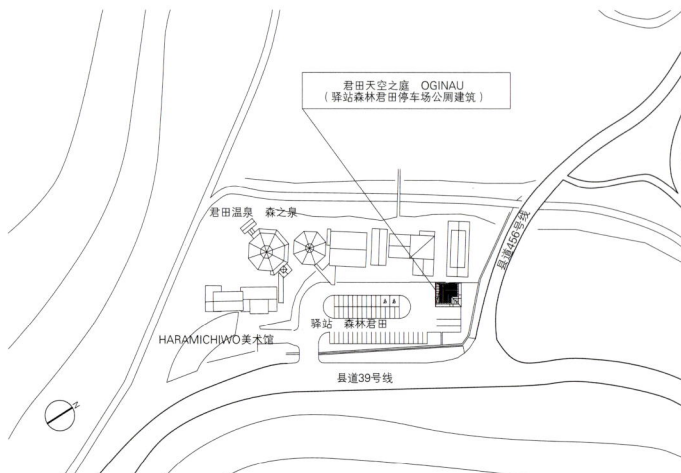

区域图　比例尺1:4000

新建厕所视角。透过玻璃屋顶看君田自然风光

西南侧入口视角。通过护建建筑来搭建玻璃屋顶，入口部位檐高2100 mm

新建男厕。新建厕所利用玻璃屋顶采光

左：积雪时的西南侧外观。利用大雪地带这一地理条件来策划冬季御寒对策，当积雪覆盖百叶窗缝隙后可防止季风侵入厕所内部
右：通过改变木质百叶窗的角度来控制可视范围

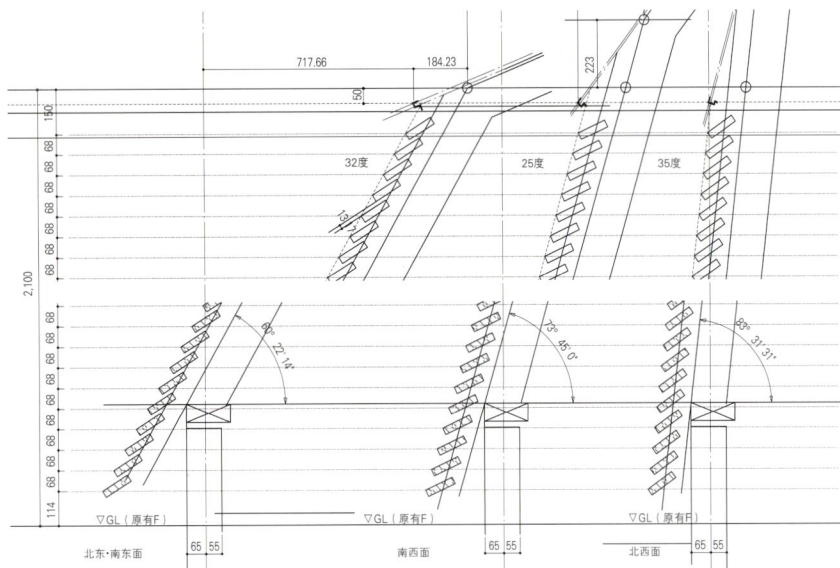

木质百叶窗设置角度详图　比例尺1:50

设计：建筑：穴吹设计专科学校空间组 TEAM OGINAU（基本设计·监修）
　　　　　　穴吹设计专科学校 西尾通哲建筑研究室（监修监督）
　　　　　　山谷建筑设计事务所（实施设计）
　　　结构：山谷建筑设计事务所
　　　设备：设备计划
施工：加藤组
用地面积：176.33 m²
使用面积：176.33 m²
层数：地上1层
结构：原有：下部为钢铁混凝土结构　上部为木结构
　　　扩建：木结构
工期：2014年8月～2015年3月
摄影：日本新建筑社摄影部（特别标注除外）
（项目说明详见第170页）

原有公厕西南侧外观

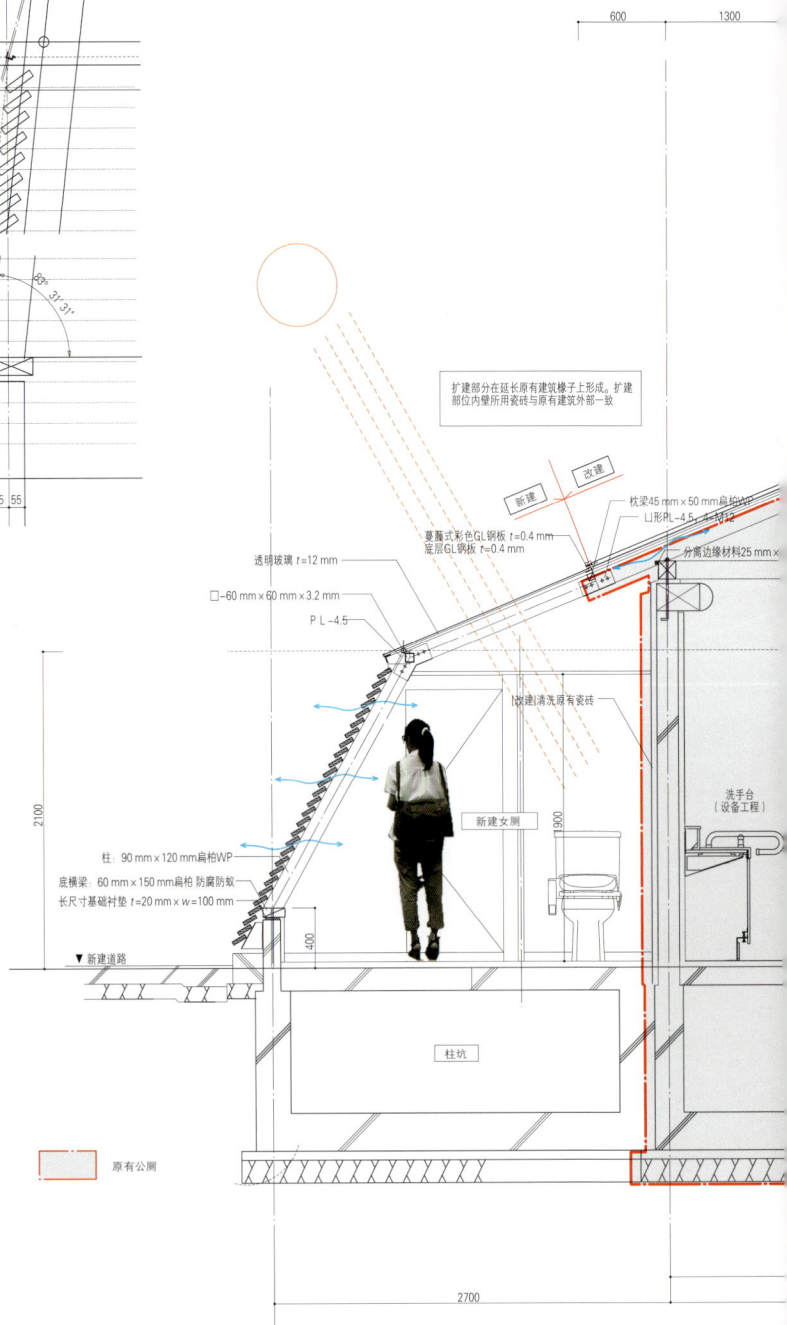

剖面详图　比例尺1:50

自然与建筑

对于建筑来讲，尊重并有效地利用当地事物极为重要。该方案利用极为简易的操作来增加原有建筑的空间，同时与周边的光、风、雨以及冬雪等当地特有景色完美结合，使其设计效果颇具自然美感。值得一提的是，君田冬季寒风极为凛冽。建筑正面设有木质百叶窗，不仅具有防水、调整光线的作用，还能够有效缓和风速、化解强气流干扰。冬季降雪时，还可利用积雪防风。该项目内部设有休息区，人们在等候时便可感受到君田的和风煦日。所谓建筑，指的是对包括人在内的动态素材的控制。该方案在保留原有建筑的同时，还注重与周边建筑的完美融合，巧妙借助自然力量，创造出极具魅力的新空间。

向自然学习是教育的根本所在。对广岛学生而言，此次参与实践的机会将成为他们今后奋斗的动力。我们期待在广岛县各地都能看到更多体现并突出广岛自然风光的优质建筑。

（三分一博志）

体验施工现场　促进学生成长

左：学生与施工人员交流/右：施工现场

设计竞赛开展于2013年10月，经过两次审查（公开审查）后，将学生的基本设计成品提交至广岛县。由广岛县委托实施设计的事务所与学生进行7次（平均每两周一次）交流探讨后，决定实施该项目。动工后，我们每两周前往工地一次进行现场监督管理，并通过邮件等方式与学生进行交流，进而推进工程的实施

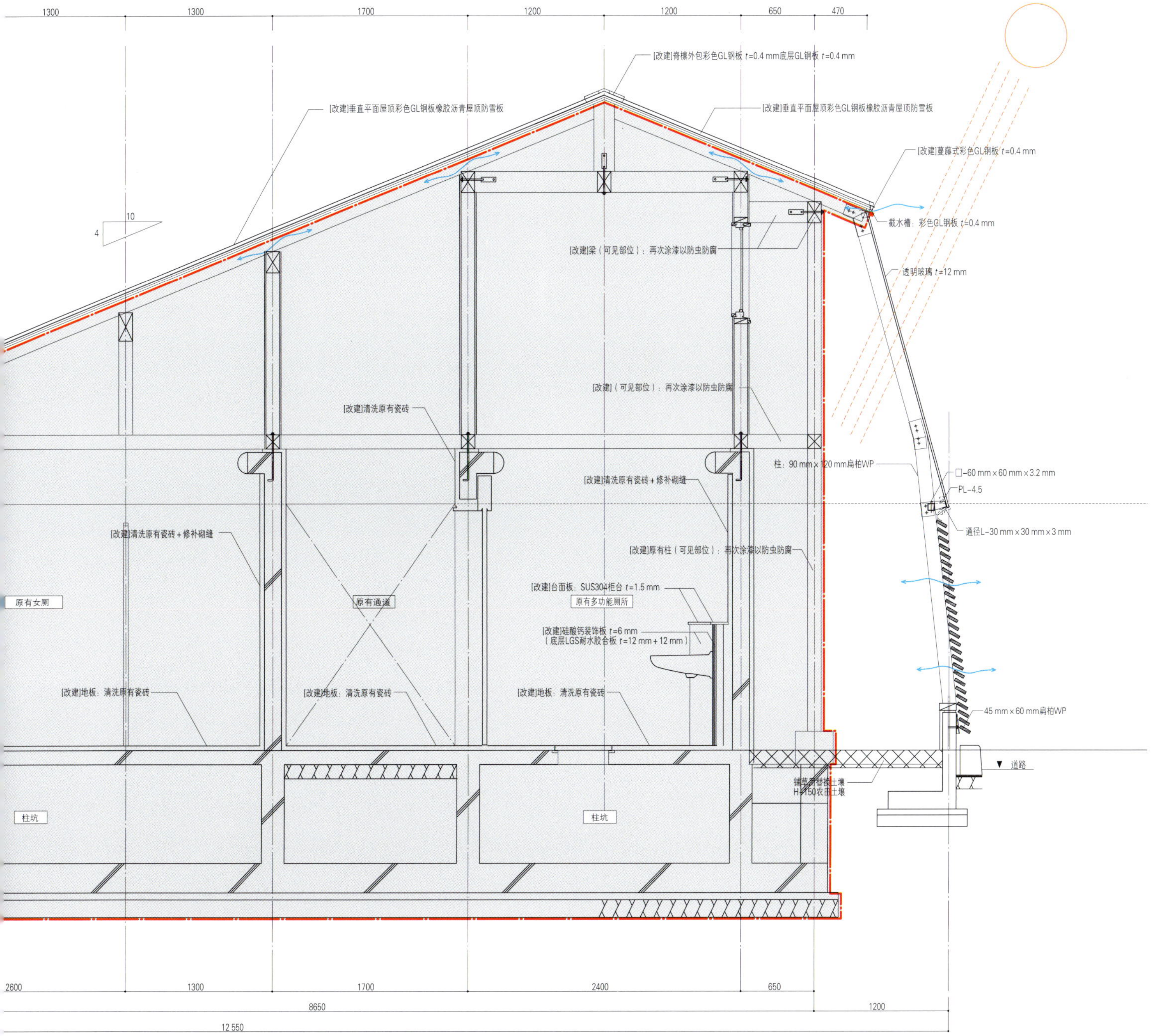

MIU MIU 青山店

设计顾问 HERZOG & DE MEURON
实施设计·施工 竹中工务店
所在地 东京都港区
MIU MIU AOYAMA BUILDING
design consultant: HERZOG & DE MEURON
executive architect: TAKENAKA CORPORATION

从2层试衣间看街道。Miu Miu青山店位于著名的Prada青山店斜对面，出自Herzog & de Meuron（瑞士著名建筑设计机构）的设计。Miu Miu采用钢筋构造，建有地下1层，地上2层

正面外墙为不锈钢板。东侧部分外墙为磨砂镜面，能够映射出街道风景以及过往行人

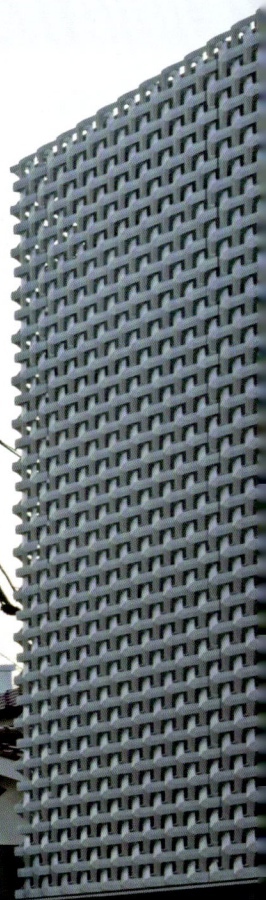

从1层柜台穿过铁质楼梯看美雪大街视角。地板为橡木镶嵌，呈
锦缎图案。在砌缝处的聚氨酯树脂上嵌入橡胶碎屑，现场做抛光
处理

从1层柜台透过挑空缝隙看东侧道路方向视角

左：试衣间视角。Miu Miu外壁由独特的织物包裹，嵌板之间通过曲线砌缝相互接合/右：2层柜台视角。墙面以铜板为底，上覆保护涂漆

Prada青山店广场视角

低调的外部装饰

在该项目中，设计者通过一个盖子微开的箱状结构传达了"隐蔽而非开放、低调而非奢华、朦胧而非清晰"这一建筑理念。Herzog & de Meuron精心选用Finland公司的压延板（板状原生不锈钢）作为建材，并通过水密焊接面积约2 m×10 m、厚6 mm的板材来设置止水线。这座Miu Miu建筑通过焊接技术，将最大为18 m×10 m的板材覆盖在整个屋顶上，打造出极具质感的非透明金属表面。另外，由于一体化的不锈钢受温差影响易出现最大约6 mm的位移，因此在表面最上方的中央位置处需要固定嵌板，并在其左右设置横向滑动结构，旨在吸收因温差而出现的热膨胀。当发生地震时，因层间位移角为1/100，所以在设计时全部使用CW密封垫进行连接，以应对底部约为10 cm的水平位移。此外，简明的细节设计更进一步突出了不锈钢棱角的图案设计。

镜面设计是外墙的点睛之笔，所有的嵌板在经过焊接之后现场加工而成。压延板在经过初次锻压之后便无法复原，所以该工序在加工过程中不允许出现任何失误。

（花冈郁哉/竹中工务店）

2层店铺。自然光穿过两侧铜质倾斜墙壁所形成的缝隙射入内部。在试衣间与单人间会客室所形成的褶状墙壁内侧为设备放置处

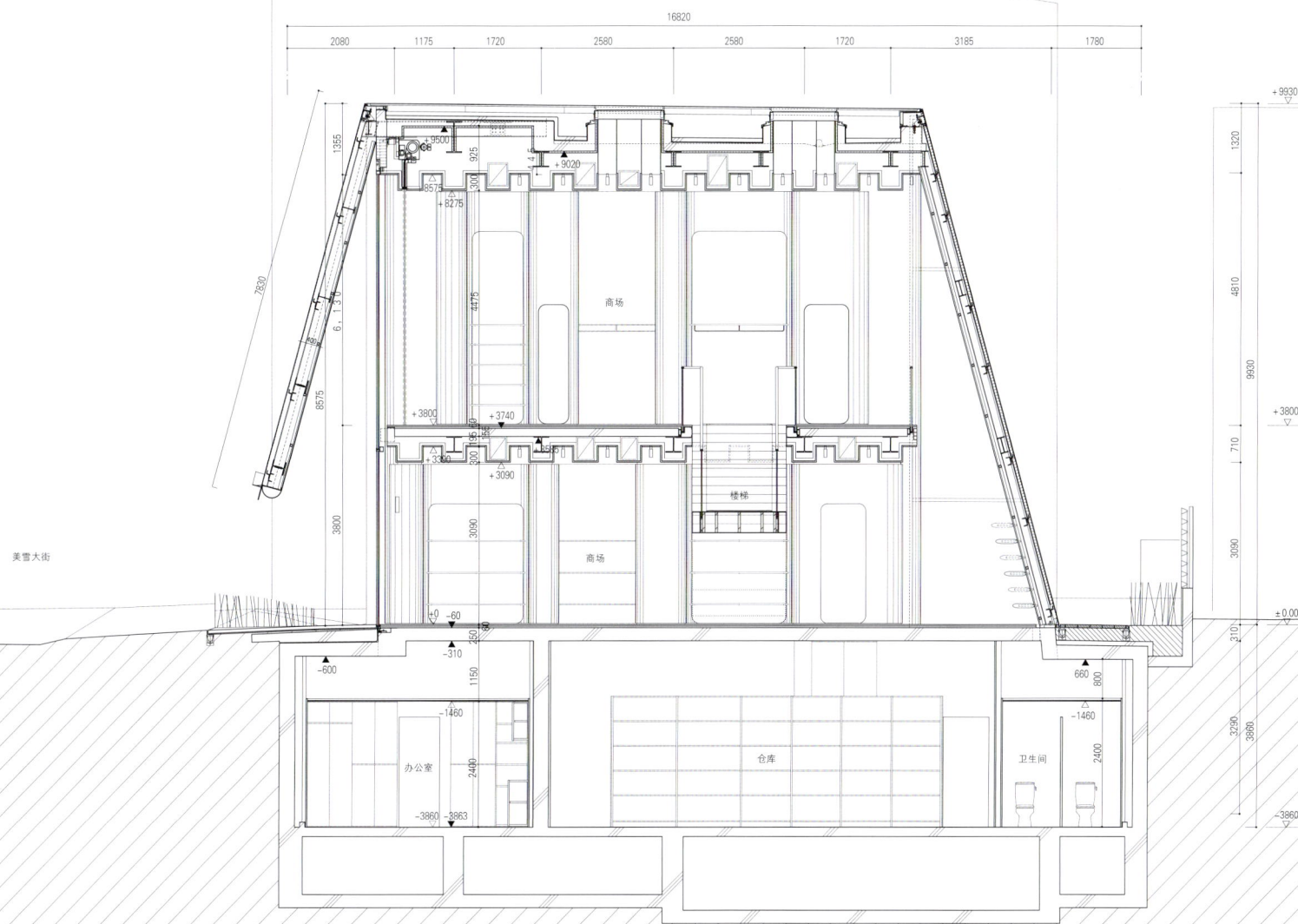

商场

楼梯

商场

办公室

仓库

卫生间

美雪大街

剖面详图　比例尺1:125

Prada青山店视角。考虑到从Prada青山店看Miu Miu的视觉效果，该项目将屋顶止水线设于建筑内侧，并由砌缝接引雨水，以避免水管露出屋顶。部分嵌板能够自由开合，可起到排烟作用

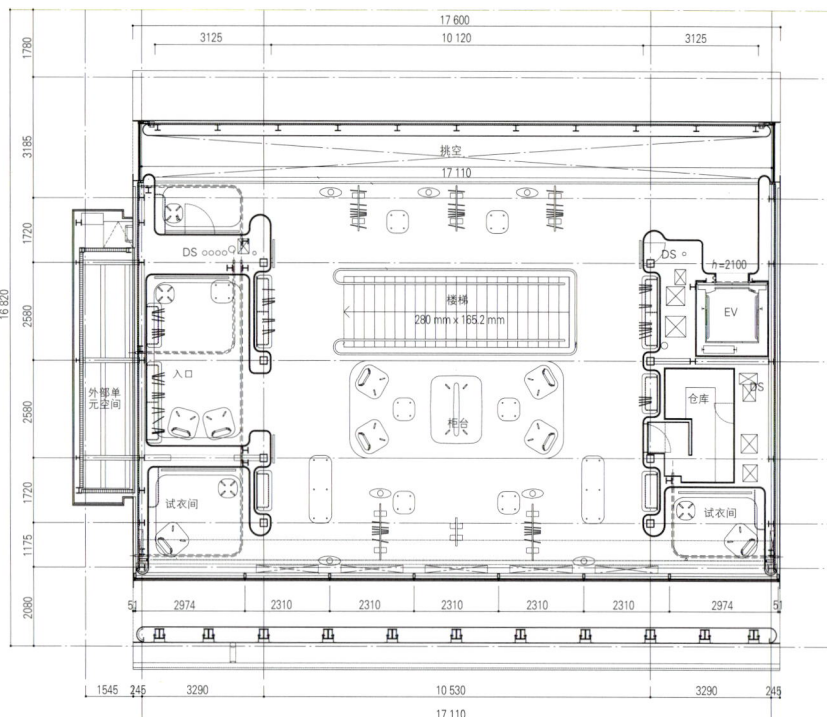

2层平面图　比例尺1:200

设计顾问：HERZOG & DE MEURON
实施设计：施工：竹中工务店
用地面积：384 m²
建筑面积：268 m²
使用面积：720 m²
层数：地下1层　地上2层
结构：钢筋结构　钢筋混凝土结构
工期：2014年1月～2015年2月
摄影：日本新建筑社摄影部（特别标注除外）
（项目说明详见第170页）

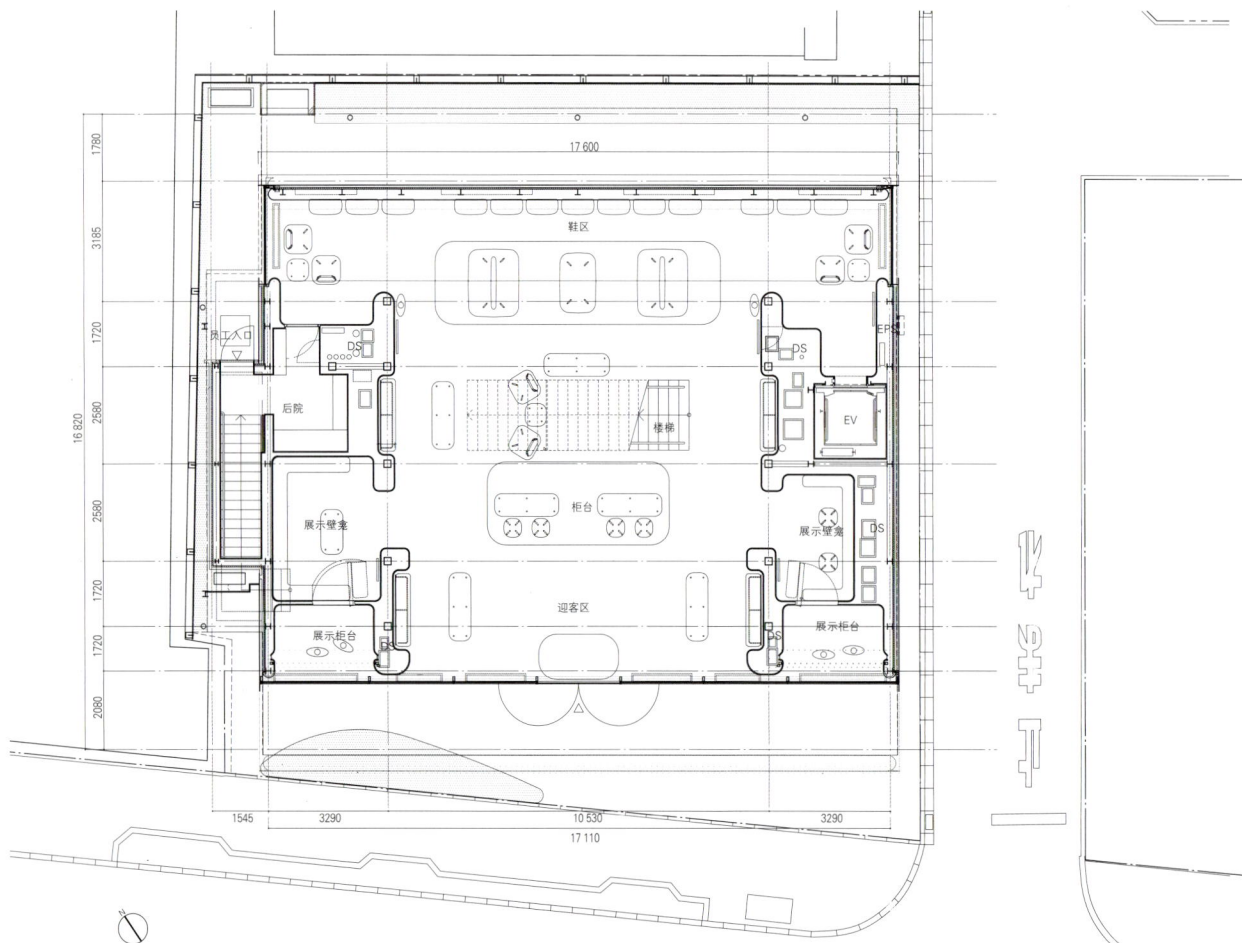

1层平面图　比例尺1:200

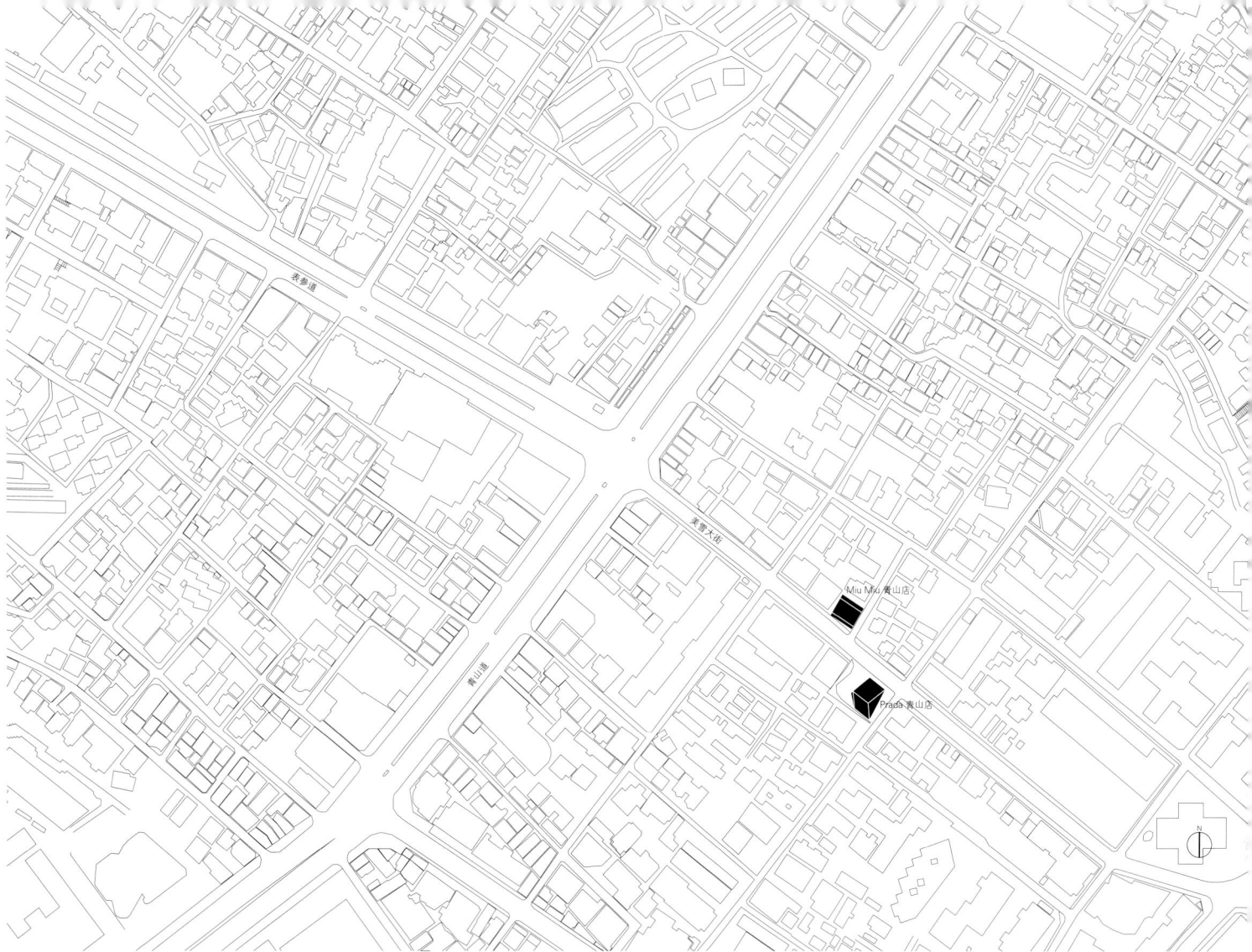

区域图　比例尺1:5000

宾至如归般的空间体验

　　东京青山美雪大街以鳞次栉比的高级奢侈品店而著名，该地建筑风格多样，融汇了一座座高低不等、形态各异的独立式建筑。美雪大街自身并无特殊之处，仅仅是一条由表参道通往青山陵园的小道，即使道路两侧树木成荫，也无法与欧洲宽阔的林荫道和购物广场相媲美。东京是一个纯粹的城市典范，每一寸土地都被充分利用，相对于处处展示个性的欧洲城市，这里绝对没有让你发挥的余地。

　　早在10年前规划Prada日本东京青山店（本杂志0309）这一全玻璃建筑时，我们就已经注意到了这一点。我们一方面是在大楼的一侧建造一个小广场，另一方面将这座建筑打造成完全透视的结构，使人们可以从每个侧面看到它的内部，并且还能从店内的特定角度欣赏到这座城市的风景。

　　在过去10年里，Prada青山店以其独具特色的建筑风格吸引了大批顾客，因此，无论是对Prada

公司与作为委托人的Prada日本，还是对我们设计师自身而言，在规划与Prada青山店呈对角线隔街相望的Miu Miu品牌店时，其独特的建筑风格也极为重要。最初，我们也尝试过多种不同的建筑类型，但由于受环境保护条例对建筑高度的限制，我们更着力于探索一个更小、更私密的建筑模式。因此，我们主要通过以下思路来传达我们的理念：与其说它是百货商店，不如说它更像是一个家，隐蔽而非开放，低调而非奢华，朦胧而非清晰。

　　最符合以上条件的设计模型是一个直接设于道路水平面的箱状结构，其盖子微开，标志着入口位置，同时行人能够看到店内陈设。看过之后，大家才意识到眼前的建筑是一间店铺。在这个超大挑棚之下，只需一瞥，便可窥见两层店铺的内部结构，就好像整个空间被一把大刀劈开，将内部呈现在行人眼前。建筑内部铜质表面圆润柔和的边缘线条与金属箱外部锋利的不锈钢边角无缝接合，而似锦缎

包裹的洞穴般的壁龛则像剧院包厢一样，正对着店铺的中央。这座两层楼高的店铺，在桌台和陈列柜台上展售诱人的精美商品，其内部放置的沙发和扶手椅使这里更像是一个宽敞舒适的家。

　　店铺正面未设置标识，虽不华丽，但其如镜面般光滑的抛光表面，好像用一支巨大的画笔扫平了钢嵌板的哑光表面。这种表面令过往行人心生好奇，禁不住驻足凝望。然而，与一般店铺橱窗所呈现的景观不同，他们看到的并不是心中预期的透视效果，而是自己的身影。

　　虽然美雪大街自身难以吸引行人驻足观望，但Miu Miu建筑本身以一种邀请的姿态，吸引着人们在此停留。

（Herzog & de Meuron/日文翻译：土居纯）

（中文翻译：郭启迪）

丰岛"生态博物城"办公大厦（项目详见第4页）

● 向导图登录新建筑在线
http://bit.ly/sk1505_map

所在地：东京都丰岛区南池袋2–45
主要用途：政府办公楼 共同住宅 事务所
店铺 停车场及其他
所有人：南池袋区二町A地区市区再开发工会

设计

隈研吾建筑都市设计事务所（外观·部分室内
设计监修）
负责人：隈研吾 宫原贤次 藤原撒平
齐川拓未 富永大毅* 喜多启 长崎
里纱*（*原职员）

日本设计
总监：黑木正郎
建筑（全体共用·非住宅）
三井雅典 井水通明 浦木拓也
河井信之 山田孝行 石川琢也
高增拓实 阿部一博 浅野一行（原职
员）
建筑（住宅）：阿部芳文
小川英彦 松中末广 三木达郎
若林伸治 藤森正纯（原职员）
结构：土屋博训 山下淳一 池田隼
人 仓持博之 高崎雄太
设备：加藤良夫 山本佳嗣 铃木晶子
电气：添野正幸 高桥智也
成本：竹田拓 饭田lumi
都市规划负责人：松本光史 中山宗清
小笠原拓士
土木：渡边良男 前田智
监管：藏本博夫 水野敦 仓持正志
企划：矢野敏章

landscape–plus（外部结构·低层部分景观设
计）
负责人：平贺达也 小林亮太 鹰野
遥 板垣范彦 伊藤和夫 藤井清美

ALG建筑照明企划（外部结构·低层部分景观
设计）
负责人：小西武志 小西美穗
标识设计
负责人：寺田尚树 平手健一
茜设计（基本企划协助）
负责人：富重克彦 志知久仁彦
大成建设（结构实施设计协助）
结构：服部敦志 中岛撒 川冈千里

施工

建筑：大成建设
负责人：宫田哲治 森康浩 坂本正博
益田祐次 大尺勉 星孝雄 中冢信秀
空调：新菱冷热工业
空调卫生：齐久工业
电气：九电工 六兴电气
电梯：东芝电梯 日立制作所
生态面纱：AGB
庭园：西武造园 东武绿地

规模

用地面积：8324.91 m²
建筑面积：5319.74 m²
使用面积：94 681.84 m²
地下1层：6124.30 m²/1层：3849.27 m²
3层 4121.34 m²/楼顶：82.12 m²
楼顶2层：61.50 m²
住宅基准层：1127.95 m²
建蔽率：63.9%（容许值：80%）
容积率：790.6%（容许值：800%）
层数：地下3层 地上49层 楼顶2层

尺寸

最高高度：189 000 mm
楼高：179 240 mm
层高：非住宅 4500 mm 住宅：3300 mm
顶棚高度：非住宅 2800 mm
住宅：2600 mm
主要跨度：非住宅 6400 mm × 约15 000 mm
住宅：6400 mm × 9200 mm

用地条件

地域地区：第一种住居地区 防火地区 南池
袋区二町A地区地区规划
道路宽度：东侧22 m 西·南·北侧8 m
停车辆数：285辆（非住宅105辆 住宅180
辆）

结构

主体结构：中间层抗震结构 钢筋混凝土结构
（采用高强度混凝土Fc=140 N/mm²）
钢架结构 部分钢筋钢架混凝土结构
地下室逆打工法高强度PC明柱结构
桩·基础：固定混凝土大基底桩

设备

主要环保技术

太阳能发电设备 地区空调 办公室外墙部分
设简易空气流动装置 自然换气系统 夜
间换气 BEMS 部分照明LED化 任
务型&环境型照明系统 屋顶绿化 雨
水再利用等
CASBEE：S级相当（仅区政府区域）

空调设备

非住宅（室内装饰）：2000 kVA × 3台单一通
风变风量式空调（中央式） 外部空调
机+FCU方式（中央式） 冷空热泵包
装方式（个别式）
非住宅（周边）：2000 kVA × 3台电子回路空
气屏障（中央式） 冷空热泵包装方式
（个别式）
住宅：冷空热泵包装方式（个别式）
热源：地区空调（仅区政府区域）

卫生设备

供水：加压供水方式
非饮用水：仅为政府地区
热水供给：个别方式
排水：屋内/合流（地上层·地下层）
屋外/下水管放流

电力设备

供电方式：3Φ3 W 22 kV 50 Hz供电网供电
设备容量：2000 kVA × 3台
额定电力：2000 kW
预备电源：紧急用发电机2250 kVA × 1台（主
要燃料桶<A重油> 75 000 L）

防灾设备

灭火：洒水器设备 连接送水管 泡沫灭火器
不燃性气体灭火设备 消防用水
排烟：机械排烟 自然排烟 采用楼层避难安
全检证法使部分低层部分实现零排烟
其他：自动火灾通知设备 紧急警报设备 紧
急照明 感应灯设备

升降机

非住宅用：乘用电梯 × 7台 政府停车场用电
梯 × 1台 紧急用电梯 × 1台 运输电
梯 × 2台
住宅用：低层电梯 × 3台 高层电梯 × 4台
紧急用电梯 × 1台
自行车停车处专用 × 2台 楼顶电梯 × 1台
全体共用：乘用电梯 × 1台
特殊设备：污物碾碎排水处理设备

工期

设计期间：2009年9月~2012年1月
施工期间：2012年2月~2015年3月

外部装饰

楼顶：日昌GURASISU
开处部：不二窗框 LIXIL 三协立山 三和
TAJIMA 寺冈自动门

内部装饰

1层丰岛中心广场

地板：SUMINOE：LX1130
墙壁：Woodyworld
顶棚：Woodyworld TONY

3层~9层办公室

地板：FAFfloor SUMINOE：LX1505、
LX1509
墙壁：ITOKI CORPORATION
顶棚：OKUJU

8层会议室

地板：Sangetsu Co., Ltd.
墙壁：MAG-ISOVER K.K. Sangetsu Co.,
Ltd. Sincol TECIDO
顶棚：3M Japan Limited

11层住户休息室

地板：DEER BROWN
墙壁：3M Japan Limited 旭buildingwall
顶棚：3M Japan Limited

11层聚会间

墙壁：3M Japan Limited

主要器具

卫生器具（低层部）：TOTO
照明器具（低层部）：东芝 Panasonic
EPK
会议室家具：KOTOBUKI SEATING CO,
LTD
住宅共用家具：综合家具
厨房：Takara Standard Co., Ltd.
机械停车场：IHI运搬机械

隈研吾（KUMA·KENGO）
1954年出生于东京都/
1979年毕业于东京大学建
筑系研究生院/1985年~
1986年任哥伦比亚大学客
座研究员/1990年创建隈
研吾建筑都市设计事务所/2001年担任庆应私
塾大学教授/现任东京大学教授

黑木正郎（KUROKI·MASAO）
1959年出生于东京都/
1982年毕业于东京大学理
工学院建筑系/1982年就职
于日本设计事务所(现日本
设计)/2007年担任日本女子
大学外聘讲师/2012年~2015年就职于日本邮
政/现为日本设计董事会成员

阿部芳文（ABE·YOSIFUMI）
1964年出生于滋贺县/
1987年毕业于大阪工业大
学理工学院建筑系/1989年
取得该校硕士学位/同年就
职于日本设计事务所(现日
本设计)/现为日本设计董事会成员、住宅环境
设计部部长

平贺达也（HIRAGA·TATSUYA）
1969年出生于德岛县/
1993年毕业于West Virginia
University景观建筑系/
1993年 ~2008年就职于日建
设计/2008年创立landscape–
plus/现为该公司代表法人，兼任东京工业大
学、东京农业大学外聘讲师

航拍图

● 向导图登录新建筑在线
http://bit.ly/sk1505_map

所在地: 东京都港区港南1-2-70
主要用途: 事务所　餐饮店　物品销售店　集会场所　诊所　停车场　污水处理设施
所有人: 东京都下水道局　NTT都市开发　大成建设　Hulic　东京都市开发

设计
建筑　NTT FACILITIES
　　负责人: 河村大助　永田敬元　萩原多闻　佐竹浩二
　　大成建设一级建筑师事务所
　　负责人: 井深诚　峰村雄一　藤本铁平　佐佐木康成　坪沼一希
　　NTT都市开发一级建筑师事务所
　　负责人: 坂上智之　原田干夫　长冈公一　江口范晃　竹内一真　相泽秀彰　葛谷展久
　　日本水工设计
　　负责人: 藤本敏宽　筱崎真理
结构　NTT FACILITIES
　　负责人: 二宫利文　牛垣和正　林政辉　中川明德　野本笃史　吉海伸祐
　　大成建设一级建筑师事务所
　　负责人: 小田切智明　大畑克三　岩井昭夫　高濑惠美
　　NTT都市开发一级建筑师事务所
　　负责人: 松本泰树　木下昌彦
　　日本水工设计
　　负责人: 细洞克己　市川政明　大桥正明　河内隆秀
设备　NTT FACILITIES
　　负责人: 远藤利秀　金子英树　菊田大介　高田秀明　本田直树　铃木辰典　川边祐辅
　　大成建设一级建筑师事务所
　　负责人: 丰原范之　高木健　冈本隆久　保田宗人
　　NTT都市开发一级建筑师事务所
　　负责人: 高桥胜美　田岛孝洋　吉井智彦
　　日本水工设计
　　负责人: 稻叶辰史　町山和人
景观　大成建设一级建筑师事务所
　　负责人: 芫木伸一　山下刚史　藤泽亚子
监理　NTT FACILITIES
　　负责人: 小林芳美　加藤正敦　丰田昌司　梶昭夫　萩原健介　河野优　岛田常男　岩田雅次
　　日本水工设计
　　负责人: 杉本和雄　坂本正吾
设计协助: 商业区域共用部DESIGN・ART乃村工艺社
照明计划: LIGHT DESIGN
题字计划: GK DESIGN总研广岛
施工
建筑　大成建设东京分店
　　工程管理: 船水富士男
　　所长（建筑）: 东直树　市冢贵浩
　　所长（土木）: 安田利文　中川真吾　回田贵志
　　建筑负责人: 石川和广　森川泰成　小泽健一　中村裕之
　　设备负责人: 西川康人　清水亘　沼政弘　大川洋
　　土木负责人: 古池章纪
空调: DAI-DAN
卫生: 大成设备
电力: 关电工　日比谷综合设备
升降机: 日立Building Systems　三菱电机　日本Otis Elevator Company
机械停车: 住友重机械搬运系统

规模
用地面积: 49 547.86 m²
建筑面积: 9128.31 m²
使用面积: 206 025.07 m²
地下1层: 9456.45 m²/1层: 7617.89 m²
2层: 6298.67 m²
阁楼层: 287.76 m²
基准层: 6326.79 m²
建蔽率: 18.42%（容许值: 70.00%）
容积率: 377.15%（容许值: 400.00%）
层数: 地下1层　地上32层　阁楼1层
尺寸
最高高度: 151 270 mm
房檐高度: 151 020 mm
层高: 基准层办公室: 4400 mm
顶棚高度: 基准层办公室: 2900 mm
主要跨度: 7200 mm×21 600 mm
用地条件
地域地区: 防火地区　无污染工业区　港区港南一町地区计划
道路宽度: 西6.0 m　南27.0 m
停车辆数: 313辆
结构
主体结构: 钢架结构　一部分为钢筋混凝土结构
桩・基础: 防下沉桩并用直接基础
设备
环保技术
箱型挑檐的外部装饰　Low-E双层玻璃　回归反射板　太阳光追踪型电动百叶窗　Waterfall Window　屋顶绿化　墙面绿化　壁泉　保水性铺装冷墙　干雾　湿地花园　太阳光自动追踪采光装置　太阳能电池　全馆LED照明　自动环境控制系统（Tzone saver）　BEMS　热供给设备（利用污水热）　大风量外气制冷　无动力night purge　再生水利用　雨水・排水再利用
CASBEE　S级（预定认证）　PAL降低率38%・ERR47%（办公室・计划时）取得SEGES认证
空调设备
空调方式: 办公室: 全空气变风量单一空气调节方式（Δt=10deg）pair空调机+VAV方式（约25 m²~170 m²）　商业: 外挂机+空调装置（4管式）
热源: 由利用地下污水热的热供给设施供给冷水+热水（经过热交换器）
卫生设备
供水: 高置水槽方式+加压供水方式并用（净水・杂用水）
杂用水水源: 再生水+雨水+净水
热水: 局部方式（储水式电热水器　一部分使用深夜电力）
排水: 屋内分流式（污水、杂排水、厨房排水、机械排水、雨水）
电力设备
受电方式: 特殊高压66kV　环形受电
设备容量: 特高变压器15 000 kVA×2
预备电源: 燃气轮机发电机（大厦用）2000 kVA×2
防灾设备
防火: 市内消防栓设备　自动洒水灭火设备（湿式）　防水式自动洒水灭火设备　泡沫灭火设备　惰性气体灭火设备（N₂）　连接送水管　消防用水　灭火器　导管罩用简易自动灭火设备（承租工程）
排烟: 机械排烟设备（全馆避难安全检证法）
其他: 感应灯　紧急照明　自动火灾通知设备　紧急广播设备　紧急插座设备　航空障碍灯
升降机: 办公乘用×32台　低层乘用×3台　紧急用×4台　手扶电梯×10台
特殊设备: 升降横移式机械停车设备　厨房除害设备（排水再利用设备）　雨水过滤设备　waterfall window设备　紧急时过滤设备　太阳光自动追踪采光装置　自动环境防御系统　太阳能电池
工期
设计期间: 2009年5月~2012年1月
施工期间: 2012年2月~2015年2月
外部装饰
屋顶: 特殊技研金属股份有限公司
外墙: TAKAHASHI CURTAIN WALL CORPORATION・SEKISTONE
开口部位: SKLF　三协铝业　YAMAKI工业
外部结构: 信越石材　YAGISO　HANDY TECHNO
内部装饰
3层办公大厅
地面: TAKATA
墙壁: KINKITECH股份公司
3层会议室
地面: TOLI Corporation
墙壁: 住友
顶棚: 吉野石膏
3层大厅
地面: TOLI Corporation

5层~31层办公室
地面: Milliken
墙壁: SANGETSU
顶棚: 和祥商社

河村大助（KAWAMURA・DAISUKE）
1962年出生于爱知县/1986年毕业于东京艺术大学美术学院建筑专业/1988年修完东京艺术大学美术研究科课程后，进入日本电信电话公司/1992年开始就职于NTT FACILITIES/现任日本电信电话公司CM部长

井深诚（IBUKA・MAKOTO）
1965年出生于兵库县/1988年毕业于早稻田大学理工学院建筑专业/1990年修完早稻田大学大学院建设工学课程后，进入大成建设/现任大成建设设计总部建筑设计第一部部长

坂上智之（SAKAUE・TOMOYUKI）
1964年出生于大阪府/1987年毕业于京都大学工学院建筑专业/1989年修完京都大学大学院研究生课程建筑学专业后，进入日本电信电话公司/1993年开始就职于NTT都市开发/现任NTT都市开发项目推进部副部长

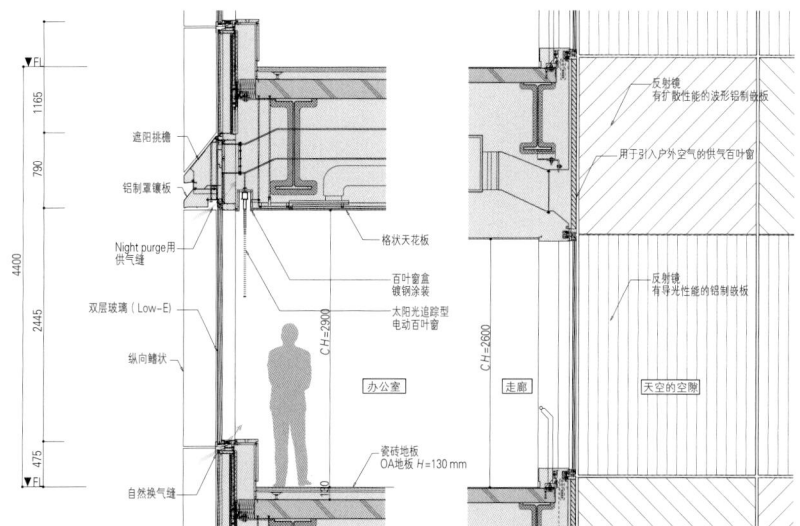

办公层开口部位周围剖面详图　比例尺1:80

东京日本桥TOWER（项目详见第30页）

●向导图登录新建筑在线
http://bit.ly/sk1505_map

所在地： 东京都中央区日本桥2-7-1
主要用途： 事务所　集会场所　店铺　停车场
所有人： 住友不动产（土地所有者代表）
设计
日建设计
总负责人：山梨知彦
建筑负责人：奥山隆平　寺岛和义　松本淳　五十田升平　樱井佑　出久根正弘　村田修*　柳泽胜义　加藤笃　金田郁*　李兴洙*
都市计划负责人：大松敦　佐藤英幸　能田悟　安田启纪　冈田惇史　西田佳祐　角田一也　北村亚砂　诸隈红花*（*原职员）
结构负责人：吉江庆祐　久次米薰　曾根朋久　山崎正幸
设备负责人：堀川晋　岸克已　中川滋　原耕一朗　伊藤祥一　谷口洋平
工务负责人：小路直彦　马场好春　笛田一义　宫本知和　鬼头泰裕　若槻佳宏
土木负责人：藤原克光　吉川弘司（日建设计CIVIL）
音响负责人：司马义英　青木亚美
景观负责人：根本哲夫　冈昌史
监理负责人：山崎淳　百濑渡　中里与志昭　田中政治　荒井利昭　渡边一成　刈込大一　竹内康　桥本春二　藤川忠弘　三桥重和　小松原千明
入口大厅室内装饰设计协助
Ans Studio负责人：竹中司　冈部文
题字协助：NOMURA PRODUCTS
负责人：森见武司　益子NAGISA　新川雄城
施工
负责人：八木和雄　国岛敏敬　山田真人　平野祐二　松田尚人　北野忠志　村本孝三　高桥厚子　若松修悦　堀川智哉　齐藤康生
空调：日比谷综合设备　负责人：太田孝　远藤正也
卫生：西原卫生工业所　负责人：熊本训大　间中利彦
电力：关电工　负责人：泽田吉仁　川井雄二　金井伸仁
NEC Networks & System Integration Corporation　负责人：久保直树　原雄哉
东芝电梯　负责人：日和贵仁　平井大介
日立Building Systems　负责人：小林雄一　冢田祐次
NH Parking Systems　负责人：陶山弘
住友重机械搬运　负责人：梶田昌司
规模
用地面积：7441.71 m^2
建筑面积：5048.88 m^2
使用面积：136 181.25 m^2
地下1层：6376.46 m^2/1层：3618.65 m^2
2层：2441.58 m^2/阁楼层：232.82 m^2
基准层：3353.72 m^2
建蔽率：67.85%
容积率：1587.87%（根据日本《建筑基准法》第86条第1项，与毗连街区的容积再分配后：1394.05%）
层数：地下4层　地上35层　阁楼2层
尺寸
最高高度：180 040 mm
房檐高度：171 740 mm
层高：办公室：4700 mm
顶棚高度：办公室：3000 mm
主要跨度：7200 mm×25 500 mm
用地条件
地域地区：商业地区　防火地区　都市再生特别地区　日本桥·东京站前地区计划
道路宽度：东11 m　西27 m　南8 m　北33 m
停车辆数：274辆
结构
主体结构：钢架结构　钢架钢筋混凝土结构　钢筋混凝土结构
桩·基础：板式基础　桩基础
设备
环保技术
Low-E玻璃　全热交换机　太阳能发电　CASBEE（LEED）PAL等数值
PAL：225MJ/m^2·年
电力设备
受电方式：特高受电设备：22 kV　主线·预备线受电　发电机设备：燃气轮机形式（双重燃料样式）
设备容量：特高变压器8000 kVA×4台
额定电力：8000 kW
预备电源：紧急用发电机4000 kVA×1台　紧急用发电机2000 kVA×3台　1500 kVA×1台　集中供电系统370 kW×2台　蓄电池设备　MSE（耐用型）　太阳能发电机设备　电动汽车快速充电器设备
空调设备
空调方式：办公室：空气热源大厦用多容器方式（冷暖可调）　电力室·电梯机械室：空气热源容器方式　集会场所·地下店铺·会议室：中央热源方式（排热投入型吸收式　冷热水生产机+空气调节组合）
排烟：机械排烟　加压排烟
卫生设备
供水：办公室：重力供水方式
低层部分：加压供水方式
一部分店铺：自来水管直接供水方式
热水：独立热水器方式（储水式电热水器）
排水系统：建筑物内：污水　合流式排水
用地内：雨水　污水分流方式
防火设备：自动洒水灭火装置　室内消防栓设备　惰性气体灭火设备　闭锁型水喷雾灭火设备　连接送水管设备　消防用水　移动式粉末灭火设备
燃气设备：低压燃气（店铺用）　中压燃气（热源　发电机用）
其他：防止雨水流出设施
工期
设计期间：2011年7月~2012年9月
施工期间：2012年9月~2015年2月（Ⅰ期工程）

左图片提供：日本新建筑社摄影部　右图片提供：日建设计

左：文化三年（1806年）开业的和纸老字号——榛原。正面设计采用日本世代流传的花纹纸样，采用3D砖瓦进行外部装饰，将数码制作与传统手工艺技术相结合
右：花纹图样

日本桥二町地区市区再开发项目（项目详见第38页）

●向导图登录新建筑在线
http://bit.ly/sk1505_map

【A街区】
所在地： 东京都中央区日本桥2-10-2
主要用途： 事务所
所有人： 日本桥二町地区市区再开发工会（三井不动产　太阳生命　帝国纤维）
设计
建筑：日本设计·PLANTEC设计共同合作
外部装潢设计：SOM
施工
建筑：大林组
规模
用地面积：约2991 m^2
建筑面积：约2721 m^2
使用面积：约58 084 m^2
基准层：约1765 m^2
建蔽率：90.86%（容许值：100%）
容积率：1529.95%（容许值：1530%）
层数：地下5层　地上26层　楼顶2层
尺寸
最高高度：约142 000 mm
主要跨度：9600 mm
用地条件
地域地区：商业地区　防火地区　都市再生特别地区　地区规划（日本桥·东京站站前地区）　停车场建设地区
结构
主体结构：钢结构　部分为CFT结构　钢筋钢架混凝土结构　钢筋混凝土结构
桩·基础：桩基础　直接基础　两种基础并用
工期
设计期间：2011年3月~（基本设计）
2012年1月~（实施设计）
施工期间：2014年11月~2018年1月（计划）

【B街区】
所在地： 东京都中央区日本桥2-4-1
主要用途： 百货商场
所有人： 日本桥二町地区市区再开发工会（三井不动产　太阳生命　帝国纤维）
设计
日本设计·PLANTEC设计共同合作
施工
建筑：竹中工务店
规模
用地面积：约8364 m^2
建筑面积：约7748 m^2
使用面积：约80 659 m^2
建蔽率：92.62%（容许值：100%）
容积率：932.03%（容许值：960%）
层数：地下3层　地上8层　楼顶4层
尺寸
最高高度：约43 000 mm
主要跨度：5450 mm×5900 mm
用地条件
地域地区：商业地区　防火地区　都市再生特别地区　地区规划（日本桥·东京站站前地区）　停车场建设地区
结构
主体结构：钢筋钢架混凝土结构
桩·基础：原有
工期
设计期间：2011年3月~（基本设计）
2012年1月~（实施设计）
施工期间：2014年4月~2019年2月（计划）

【C街区】
所在地： 东京都中央区日本桥2-17-3
主要用途： 事务所　百货商店　店铺　停车场
主建方： 日本桥二町地区市区再开发工会（三井不动产　太阳生命　帝国纤维）
设计
建筑： 日本设计·PLANTEC设计共同合作
外部装潢设计：SOM
施工
建筑：鹿岛建设
规模
用地面积：约6024 m^2
建筑面积：约5310 m^2
使用面积：约143 372 m^2
基准层：约3600 m^2
建蔽率：88.15%（容许值：100%）
容积率：1989.67%（容许值：1990%）
层数：地下5层　地上31层　楼顶1层
尺寸
最高高度：约175 000 mm
主要跨度：9600 mm
用地条件
地域地区：商业地区　防火地区　都市再生特别地区　地区规划（日本桥·东京站前

新宿东宝大厦 （项目详见第40页）

外部装饰
外壁：矢桥大理石　TAKATA　安藤大理石
TAKAHASHI　CURTAIN　WALL
CORPORATION　三协立山
SASAKURA　菊川工业
开口部位：三协立山　三和TAJIMA

奥山隆平（OKUYAMA·RYUHEI）
1959年出生于兵库县/1984年毕业于东京大学工学院建筑专业/1986年修完东京大学研究生院硕士课程后，进入日建设计/现任设计部门设计部长

寺岛和义（TERASHIMA·KAZUYOSHI）
1969年出生于爱知县/1993年毕业于东京艺术大学美术学院建筑专业/1995年修完东京艺术大学研究生院美术研究专业课程/1995年进入日建设计/现任设计部主管

松本淳（MATSUMOTO·JUN）
1974年出生于神奈川县/1997年毕业于东京工业大学工学院建筑专业/1997年~1998年就读于赫尔辛基工业大学/2000年修完东京工业大学研究生院硕士课程/2000年~2004年东京工业大学研究生院博士课程在读/2004年~2009年担任庆应义塾大学研究生院任坂茂研究室副教授/2010年进入日建设计/现任职设计部

●向导图登录新建筑在线
http://bit.ly/sk1505_map

所在地：东京都新宿区歌舞伎町1-19-1
主要用途：餐饮店　游乐场　电影院　宾馆
所有人：东宝

设计·监理
竹中工务店
　建筑负责人：落合藤雄　宫下信显　关谷和则　高岛一穂　吉本晃一朗
　结构负责人：广重隆明　武藤肇　冈村祥子
　设备负责人：渡部恭一　园田雄飞
　监理负责人：永岛亮太郎　镰田诚
　防灾负责人：竹市尚广　峰岸良和
　隔音负责人：冈野利行　中川武彦
宾馆环境设计：AGE
　负责人：佐藤一郎　宫川祐一
影院内装设计：R&K国际
　负责人：理查德·李　栗原哲史
照明设计监修：BONBORI光环境计划
　负责人：角馆政英
商业署设计：情感·空间·设计
　负责人：渡边太郎　加藤祥子　佐野裕次
外观设计合作：KANEMITSU·HIROSHI设计
　负责人：金光弘志

施工
建筑：竹中工务店
　负责人：滨岛英一　浦边雅章　柴田仁志　铃木胜宏　冈田干彦　福岛一夫　川户耕介　福留正文　伊藤太志　内海卓　田中滋　大友亮介　松本直也　伊藤周平　安川千歌子
空调：高砂热学工业　负责人：宫崎宽之
卫生：西原卫生　负责人：竹腰直树
电气：关电工　负责人：盐田义则

规模
用地面积：5590.65 m²
建筑面积：4214.10 m²
使用面积：54 735.31 m²
地下1层：4697.32 m²
1层：3748.93 m²/2层：3566.00 m²
屋顶层：162.34 m²
基准层：1234.19 m²
建蔽率：75.37%（容许值：100%）
容积率：876.34%（容许值：900%）

层数：地下1层　地上30层　屋顶2层
尺寸
最高高度：130 250 mm
房檐高度：127 000 mm
层高：宾馆客房：3200 mm
顶棚高度：宾馆客房：2600 mm
主要跨度：13 400 mm×11 200 mm
用地条件
地域地区：防火地区　商业地区　城市规划区域内
道路宽度：西 27.0 m　南17.9 m　东8.0 m　北9.9 m
停车辆数：169辆
结构
主体结构：钢架结构　一部分为钢筋钢架混凝土结构
桩·基础：现场浇筑混凝土桩　并用直接基础
设备
环保技术
地区冷暖气设备　自然换气　雨水利用　LED照明　BEMS
空调设备
空调方式：FCU　AHU　OHU（部分为PAC）
热源：地区冷暖气设备+冰蓄热槽
电力设备
受电方式：特殊高压3回线网点方式
设备容量：特殊高压变压器2000 kVA×3台
额定电力：4000 kVA
预备电源：紧急用发电机：1250 kVA
　BCP用发电机：35 kVA
卫生设备
供水：上水（B1层~14层）：加压供水方式
　上水（15层~30层）：高架水槽方式
　杂用水（利用雨水）：加压供水方式
防灾设备
灭火：室内消防栓　连接输水管　自动喷水灭火系统　湿式自动喷水灭火系统（排水网板9·10）　移动式粉末灭火（室外设备机壳　发电机等）　大型灭火器（室内电气房）　灭火器　二氧化碳灭火（地下立体停车场设备处）　泡沫灭火（地下平面停车场）
排烟：机械排烟（紧急用EV大厅·特殊避难楼梯内室挤压排烟）
防灾：引导灯　自动火灾报警器　煤气泄漏警报　消防部门报警设备（宾馆）　紧急

用插座　紧急广播　紧急照明　综合操作盘
升降机：乘用电梯×18台（内含紧急用2台）　自动扶梯×10台
特殊设备：机械自动停车场（水平循环式　可容纳137辆）
工期
设计期间：2010年4月~2012年7月
施工期间：2012年7月~2015年3月
外部装饰
屋顶：田岛公司
外壁：高层东西面：高桥幕墙工业
　　　高层南北面：DAIWA
　　　低层：日铁住金钢板　野泽
　　　墙面绿化：野泽
开口部位：高层部：YKK AP　AGC
　　　　　低层部：不二Sash　LIXIL　AGC
照明：高层侧面：TOSHIBA LIGHTING　KARA·KINETEiKUSU·JAPAN
内部装饰
1层入口公用通道
地面：名古屋马赛克
墙壁：Elegant Wood
1层宾馆入口
地面：名古屋马赛克
墙壁：NISSIN EX　MURAI　栗原工业
8层宾馆大厅
地面：名古屋马赛克　望造
墙壁：MURAI　NISSIN EX　栗原工业
宾馆客房
地面：TOLI Corporation
墙壁·顶棚：Lilycolor
主要使用器械
机械自动停车场：日精
租金·单元面积
客房数量：970间
宾馆专用面积：18 m²~34 m²

（地区）　停车场建设地区
结构
主体结构：钢架结构　部分为CFT结构　钢筋钢架混凝土结构　钢筋混凝土结构
桩·基础：桩基础　直接基础　两种基础并用
特殊设备：厨房排水去污设备
工期
设计期间：2011年3月~（基本设计）
　2012年1月~（实施设计）
施工期间：2014年12月~2018年6月（计划）

雨宫正弥（AMEMIYA·MASAHIRO）
1967年出生于山梨县/1990年毕业于东京工业大学建筑系/1992年取得该校综合理工学硕士学位/1992年至今就职于日本设计/现为该公司建筑设计部首席建筑设计师

宫下信显（MIYASHITA·NOBUAKI）
1972年出生于长野县/1995年毕业于东京理科大学工学院建筑学专业/1997年取得东京理科大学工学研究科建筑学硕士学位，后就职于竹中工务店/现任该公司东京总部设计第二部门第四设计组组长，兼任东京理科大学工学院建筑学讲师

关谷和则（SEKIYA·KAZUNORI）
1971年出生于群马县/1994年毕业于日本大学工学院海洋建筑专业/1996年取得日本大学工学研究科海洋建筑学硕士学位，后就职于竹中工务店/现任该公司东京总部设计部设计ISD（第六）部门科长，兼任日本大学工学院建筑学讲师

高岛一穂（TAKASHIMA·KAZUHO）
1976年出生于北海道/1999年毕业于北海道大学工学院建筑学专业/2001年取得该大学研究生院工学研究科城市环境学硕士学位，后就职于竹中工务店/现任该公司北海道分公司设计部设计科科长

成田国际机场 第3航站楼 （项目详见第48页）

● 向导图登录新建筑在线
http://bit.ly/sk1505_map

所在地：千叶县成田市取香字上人冢148-1
主要用途：航空旅客接待设施
主建方：成田国际机场

设计

整体企划：成田国际机场
　负责人：鹤冈英明　佐伯精隆　镰田晓生　加藤佑介　吉村祐亮　渡会枝里子　寺林昂

建筑：日建设计
　建筑：山梨知彦　金内信二　田中涉　后藤崇夫　本江康将　三轮浩明　山田修三　中曾万里惠
　结构：山野祐司　樫本信隆　东条健一　田中贤嗣
　设备（电力通讯）：小仓良友　桥口裕彦　田中叶子　石出浩章　町田知泰　森口胜矢
　设备（空调卫生）：山下开　藤井拓郎　滨口知行　小林久志
　监理：金泰彦　横山正博　铃木辰夫　剑持彻　安部雅彦　行武哲郎　高桥智洋　泽町雄希　铃木郁雄　古田启一　伊藤满彦　神户贤

印版设计：改修·CIQ

　负责人：石仓康行　大谷健　石田滋之　高吕卓志　坂本典彦　井关幸彦　山田洋辅　小泽洁

施工企划：NCM
　负责人：军司太郎　松尾忠明　片桐明生　清田崇司

照明企划：SLDA
　负责人：泽田隆一　中村友香（原职员）　小西由纱

标识设计：AI·设计
　负责人：儿山启一　宫本佳子

交流设计：PARTY
　负责人：伊藤直树　今野千寻　小野崎裕典

施工

大成建设　千叶分店
　建筑：野口雅弘（工程部长）　寺腰茂（所长）　川上雅也　黑田祐考　日下部秀一　濑尾真一　伊藤康治　大久保贤　西原俊一郎　柿泽吕
　设备：米泽诚芳　佐伯千秋

规模

用地面积：13 702 589.17 m²
建筑面积：23 679.81 m²（新建部分）
使用面积：62 281.22 m²（新建部分）
　※其他途径，使用原有第2航站楼的一

部分（约6100 m²）
地下1层：165.13 m²
1层：23 222.15 m²/2层：21 873.10 m²
3层：14 476.33 m²/4层：2544.51 m²
建蔽率：6.70%（容许值：60%）
容积率：15.20%（容许值：200%）
层数：地下1层　地上4层

尺寸

最高高度：19 950 mm
房檐高度：19 150 mm
层高：1层　6000 mm　2·3层：4600 mm
　4层　4000 mm
主要跨度：12 500 mm×12 500 mm

用地条件

地域地区：市区调整区域　法律第22条规定区域
道路宽度：10 m

结构

主体结构：钢筋钢架混凝土结构　一部分为钢架结构　钢筋混凝土结构
桩·基础：原有混凝土桩基础（主楼·廊道）　直接基础（卫星式候机楼）

设备

空调设备
空调方式：多档位单一管道空调方式　室外空调机+FCU或中央空调（主楼）　直膨

式空调机组或全热交换器+中央空调（卫星式候机楼）
热源：空气冷热交换装置（主楼）

卫生设备
供水：储水槽+加压供水方式（主楼）　增压供水方式（卫星式候机楼）
热水：独立热水器方式
排水：污水和多种排水合流方式

电力设备
受电方式：22 kV特殊高压网点方式
设备容量：特殊高压12 000 kVA
　高压15 100 kVA
预备电源：紧急用自备发电设备　燃气轮机2000 kVA

防灾设备
消防：室内消防栓　喷水设备　惰性气体灭火设备　移动式粉末灭火　连接输水管　排烟设备　灭火器
排烟：自然排烟设备　机械排烟设备（根据楼层避难安全检验法使排烟风力降低）
其他设备：紧急用照明·引导灯设备　自动火灾报警器　紧急广播设备　避雷设备
升降机：乘用电梯×19台　人货两用电梯×2台　自动扶梯×10台
其他：自动防御·中央监控设备　城市天然气设备　厨房排污设备

成田国际机场 第2航站楼联络通道 （项目详见第58页）

● 向导图登录新建筑在线
http://bit.ly/sk1505_map

所在地：千叶县成田市古达字古达1-1（成田国际机场内）
主要用途：航空旅客接待设施
主建方：成田国际机场

设计

整体计划：成田国际机场
　负责人：鹤冈英明　镰田晓生　佐伯精隆　中村笑希　宫内智矢

建筑：日建设计
　负责人：山梨知彦　金内信二　三轮浩明（PHASE-1、PHASE-2）　高桥惠多　柴沼友子（PHASE-1）　山本润　足立理惠（原职员）（PHASE-2）

室内设计·家具：日建SPACE DESIGN
　负责人：片山贤　桥口幸平　宫井早纪（PHASE-2　休息室空间）

结构：日建设计
　负责人：小崎均　山野祐司　宇田川贵章

设备：梓设计
　负责人：井关幸彦（机械）　前田隆

　（电力、通讯）石田滋之

监理：日建设计
　负责人：金泰彦　横山正博　铃木辰夫　剑持彻　行武哲郎　高桥智洋　泽町雄司　铃木郁雄　古田启一　伊藤满彦　片桐伸一　坂本典彦

施工

建筑：大林组
　负责人：濑沼则彦　末村一史　布野干夫　野野下彰　藤原悠祐　桥本千与治　船津悠太　村上雅一
空调·卫生：新日空、三机共同合作
　负责人：冈岛靖史　高波贤也　关冢久美　小林诚一
电力：关电工
　负责人：菊池启元
通讯：SANWA COMSYS Engineering
　负责人：金山达矢　栗山雅道
FIS等：日本电气
　负责人：高冈信一郎
升降机：FUJITEC　三菱电机（移动人行道）

规模

用地面积：13 702 589.17 m²（机场整体）

建筑面积：4377.58 m²（PHASE-1）
　5388.51 m²（PHASE-2）
使用面积：3591.54 m²（PHASE-1）
　6796.02 m²（PHASE-2）
PHASE-1：1层374.50 m²/2层3128.90 m²/3层88.14 m²
PHASE-2：1层475.39 m²/2层5704.33 m²/3层616.30 m²
建蔽率：PHASE-1：6.48%（容许值：60%）
　PHASE-2：6.72%（容许值：60%）
容积率：PHASE-1：11.67%（容许值：200%）
　PHASE-2：15.34%（容许值：200%）
层数：地上3层（PHASE-1、PHASE-2）

尺寸

最高高度：PHASE-1：13 700 mm
　PHASE-2：19 800 mm
房檐高度：PHASE-1：13 200 mm
　PHASE-2：19 300 mm
顶棚高度：PHASE-1 到达大厅：4000 mm
　PHASE-2 休息室空间：5500 mm
主要跨度：PHASE-1：6500 mm×4450 mm
　PHASE-2：17 800 mm×18 898 mm

用地条件

地域地区：都市计划区域内市街化规划调整区域　法律第22条规定区域

结构

主体结构：钢结构　一部分为钢筋混凝土结构　钢筋混凝土结构
桩·基础：PHC桩（PHASE-1）　直接基础（PHASE-2）

设备

空调设备
空调方式：由外气处理空调机+分散循环空调机进行单一导管方式（PHASE-1）　由空调机进行的单一导管方式（PHASE-2）
热源：地域冷暖气设备

卫生设备
供水：加压供水方式
热水：独立热水器方式（电力储水式）（PHASE-2）
排水：重力式排水方式

电力设备
受电方式：高压3φ3W　6.6 kV　50 Hz
AC系 AC-GC系（2回线）设备容量　特高变压器40 000 kVA
设备容量：变压器容量合计1675 kVA

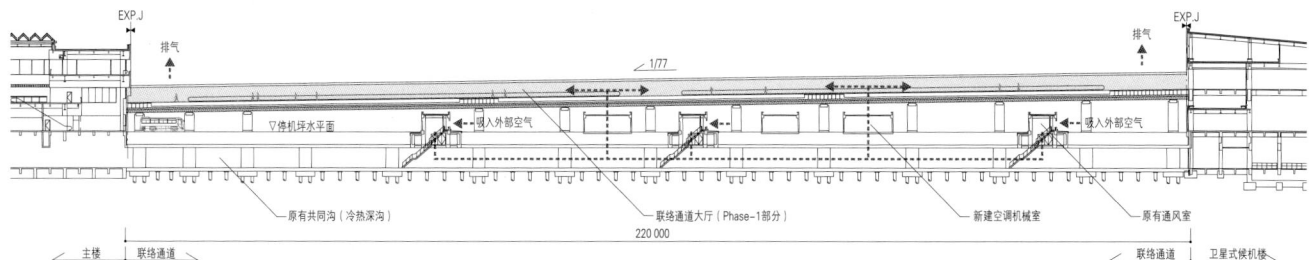

纵向剖面图　比例尺　1:1500
连接高度存在2.8 m的高度差。作为通道主体的PHASE-1以1:77的倾斜度缓缓倾斜，作为休息空间主体的PHASE-2通过斜面和阶梯与多个地板平面相连。设备方面，将连接主楼和卫星式候机楼的220 m的原有共同沟用作冷热深沟，通过地热与吸入的外部空气进行热交换等措施减轻环境负荷

（三轮浩明/日建设计）

特殊设备：BHS设备

工期

设计期间：2012年5月~2013年6月
施工期间：2013年7月~2015年3月

外部装饰

屋顶：田岛 三晃金属
外壁：日铁住金钢板

内部装饰

地面：TOLI 日东化工
出入境审查处：InterFace
国际线行李送达处：TOLI
美食广场·到达大厅
地板：TOLI
特殊材料：NICHIAS

主要使用器械

照明器具：松下

金内信二（KANEUCHI·SHINJI）

1963年出生于福冈县/1989年获得九州大学硕士学位，后就职于日建设计/现任日建设计公司设计部部长

田中涉（TANAKA·WATARU/中）

1983年出生于东京都/2005年毕业于东京大学工学院建筑专业/2005年~2006年就职于B.I.G./2007年至今就职于日建设计

后藤崇夫（GOTO·TAKAO/右）

1979年出生于茨城县/2005年毕业于日本大学工学院建筑学专业/2008年取得庆应义塾大学理工学硕士学位/2008年至今就职于日建设计

本江康将（HONGO·YASUMASA/左）

1983年出生于埼玉县/2006年毕业于东京电机大学工学院建筑学专业/2008年取得东京电机大学硕士学位/2008年至今就职于日建设计

GALLERY TOTO（项目详见第60页）

● 向导图登录新建筑在线
http://bit.ly/sk1505_map

所在地：千叶县成田市古达字古达1-1（成田国际机场第2航站楼联络通道）
主要用途：机场旅客接待设施内卫生间
主建方：TOTO

设计

建筑：KLEIN DYTHAM ARCHITECTURE
　负责人：Astrid Klein
　　　　Mark Dytham 久山幸成
　　　　川上周子
设备·监理：TOTO Engineering
　负责人：今川明弘

设计协助·DESIGN

实施设计·制作设计：丹青社
　负责人：田仲文彦
图文标识：Black·Bass
　负责人：为永泰之

施工

建筑：TOTO Engineering
　负责人：米泽秀幸 儿玉诚一
空调·卫生·电力：TOTO Engineering

规模

使用面积：138 m²

尺寸

顶棚高度 Gallery：2820 mm

Toilet booth：2700 mm
主要跨度：19 100 mm × 7281 mm

设备

空调设备

空调方式：FCU
热源：冷热水

工期

设计期间：2014年1月~2015年3月
施工期间：2015年1月~2015年3月

内部装饰

Gallery
地面：ABC商会
墙壁：SANGETSU
Toilet booth
地面：平田 TILE Danto
TOTO
墙壁：TOTO
特殊材料：Philips

主要使用器械

照明器具：Modulex
卫生器具：坐便（TOTO：NEOREST AH/RH）
　壁挂式坐便器（TOTO：RESTROOM ITEM 01） 小便器（TOTO：RESTROOM ITEM 01） 自动水龙头（TOTO：aqua auto）

预备电源：直流电源装置

防灾设备

防火：室内消防栓设备
排烟：自然排烟
升降机：PHASE-1：电动步道（W1400）×4台（90 m×2、86 m×2）
　PHASE-2：电动步道（W1400）×4台（65m×2、43 m×2） 乘用电梯（承载30人）×1台 自动扶梯×5台（W1000）

工期

设计期间：PHASE-1：2011年1月~2011年8月
　PHASE-2：2012年7月~2013年8月
施工期间：PHASE-1：2012年3月~2013年9月
　PHASE-2：2013年9月~2015年4月

外部装饰（PHASE-2）

屋顶：早川橡胶

内部装饰（PHASE-2）

出发通道
地面：ABC商会
概念空间
墙壁：INAX
顶棚：TONY

主要使用器械（（PHASE-2）

滑动支承：日本PILLAR

山梨知彦（YAMANASHI·TOMOHIKO）

1960年出生于神奈川县/毕业于东京艺术大学美术学院建筑专业/修完东京大学都市工学专业硕士课程/1986年进入日建设计/现任日建设计执行主管设计部门副总监

金内信二（KANEUCHI·SHINJI）

个人简介见上方

三轮浩明（MIWA·HIROAKI）

1973年出生于茨城县/1995年毕业于北海道东海大学艺术工学院建筑专业/现就职于日建设计设计部

Astrid Klein（ASUTORIDO·KURAIN/左）

1962年出生于意大利雷泽/1986年毕业于汉堡美术学院（法国·斯特拉斯堡）/1988年修完皇家艺术学院课程/1988年进入伊东丰雄建筑设计事务所/1991年与Mark Dytham共同创立KLEIN DYTHAM ARCHITECTURE

Mark Dytham（MA-KU·DIISAMU/右）

1964年出生于英国北安普顿/1985年毕业于纽卡斯尔大学/1986年进入SOM（美国·芝加哥）/1988年以第一名的成绩修完皇家艺术学院课程/1988年进入SOM（英国·伦敦）/1988年进入伊东丰雄建筑设计事务所

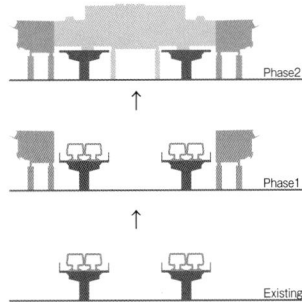

Phase2
Phase1
Existing

施工顺序图表

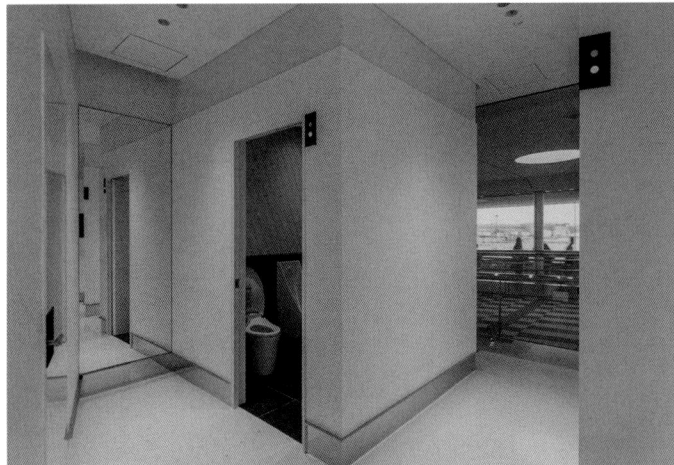

内部。从单间之间的缝隙中，可以透过玻璃看到出发·到达通道以及停机坪。另外，左侧墙壁上安装有镜子，富有空间感和纵深感

清水建设技术研究所　先进地震防灾研究楼（项目详见第62页）

●向导图登录新建筑在线
http://bit.ly/sk1505_map

所在地：东京都江东区越中岛3-10
主要用途：研究所
所有人：清水建设
设计
设计・监管 清水建设
　　项目总负责人：日置滋
　　建筑：神作和生　伊藤智树
　　　　　大桥一智
　　结构：清成心　植竹宏幸
　　　　　小林卓照
　　设备：前田聪　户田芳信
施工
建筑：清水建设
　　建筑：田代浩平
　　设备：大岛详平
空调・卫生・电气　第一设备工业
规模
用地面积：21 135.14 m²
建筑面积：1157.72 m²
使用面积：2181.40 m²
建蔽率：47.84%（容许值：70%）
容积率：135.53%（容许值：200%）
层数：地下2层　地上2层

尺寸
最高高度：23 060 mm
房檐高度：22 375 mm
用地条件
地域地区：无污染工业区　防火地区　港湾临街地区
道路宽度：东36 m　北36 m
结构
主体结构　地上部分：钢架结构
　　　　　地下部分：钢筋混凝土结构
桩・基础：现成混凝土桩
设备
环保技术
智能BEMS　LED照明
空调设备
空调方式：EHP方式
卫生设备
供水：加压供水方式
热水：独立热水器方式（电气储存热水）
排水：分流方式
电力设备
供电方式：6.6 kV 单圈线供电（建筑物内部供电）
设备容量：2150 kVA
额定电力：1500 kW（实验楼全体）
发电机：700 kW（燃气机常用发电机）

防灾设备　自动火灾警报装置
灭火：屋内消火栓设备
升降机：乘用电梯（11人・45 m/min）×1台
特殊设备：冷却水设备
工期
设计期间：2011年8月~2013年6月
施工期间：2013年6月~2015年1月

神作和生（KANSAKU・KAZUO）
1960年出生于东京都/1982年毕业于横滨国立大学工学部建筑系/1984年取得横滨国立大学建筑学硕士学位，之后就职于清水建设/现任清水建设总部设计技术部部长

伊藤智树（ITO・TOMOKI）
1970年出生于神奈川县/1994年毕业于法政大学工学部建筑系，之后就职于清水建设/现任清水建设总部生产・研究设施设计部组长

大桥一智（OHASHI・KAZUTOMO）
1973年出生于岐阜县/1997年毕业于东京大学工学院建筑系/1999年取得东京大学建筑学硕士学位，之后就职于清水建设/现任清水建设设计总部生产・研究设施设计部设计主管

三次市民会馆　KIRIRI（项目详见第74页）

●向导图登录新建筑在线
http://bit.ly/sk1505_map

所在地：广岛县三次市三次町111-1
主要用途：剧场
所有人：三次市
剧场顾问（基础计划・基础设计・管理运营）
　剧场宣讲会
　负责人：伊东正示　小林彻也　山下贵子　奥田翔
设计・监管
建筑　青木淳建筑设计事务所
　负责人：青木淳　德田慎一*　龟田康全
　　　　　园田慎二*　永山红章
结构　金箱结构设计事务所
　负责人：金箱温春　望月泰宏
　　　　　藤田慎之辅
设备　森村设计
　负责人：林达也*　吉田崇　松本尚树
　　　　　沟口舞*（*原职员）
广告　菊地敦己事务所
　负责人：菊地敦己　玉村广雅

建筑音响：永田音响设计
　负责人：小野朗　和田龙一
舞台设备顾问：空间创造研究所
　负责人：草加叔也　米森健二　中俣美沙
施工
建筑：鹿岛建设、加藤团队共同合作
　负责人：阿知良充　吉村和树
空调・卫生：KINDEN
电力：中电工、共和电设电力设备共同合作
舞台设施：三精科技
舞台照明：松村电机制作所
舞台音响：Yamaha Sound Systems
规模
用地面积：14 805 m²
建筑面积：5040 m²
使用面积：10 892.21 m²
停车场面积：4708.58 m²
1层：4536.64 m²/2层：750.12 m²
3层：740.84 m²/4层：156.03 m²
建蔽率：35.76%（容许值：89.33%）
容积率：61.82%（容许值：200%）
层数：地上5层

尺寸
最高高度：34 520 mm
房檐高度：34 052 mm
层高：停车场：5800 mm
　　　1层：3000 mm　2层：3730 mm
　　　3层：3670 mm
顶棚高度：会馆：14 780 mm（座席内的通道）
　　　　　沙龙会所：8500 mm
　　　　　回廊：3500 mm
主要跨度：4500 mm×4500 mm
用地条件
地域地区：近邻商业区　第一类中高层居住专用区　日本《建筑基准法》第22条指定区域
道路宽度：东8.8 m　西6.0 m　南6.0 m　北15.0 m
停车辆数：285辆
结构
主体结构　钢筋混凝土结构　部分为钢架结构
桩・基础：柱状地基改良基础上的天然地基
设备
环境保护技术

井水　LED照明　利用烟囱自然换气
空调设备
空调方式：由空调机进行的单一送风道方式
　　　　　气冷包装方式
热源：地下水源热泵
卫生设备
供水：储水槽+单元增压泵方式
热水：燃气热水器方式
排水：污水：杂排水系统　排水：雨水分流式
电力设备
供电方式：6.6 kV高压1回线供电方式（由供电所到用户的单回路供电方式）
设备容量：1600 kVA
额定电力：800 kVA
预备电源：应急柴油发电机3 φ 220 V 300 kVA
防灾设备
防火：室内消防栓　封闭型・开放型自动洒水灭火装置　连接输水管　移动式干式化学消防设备
排烟：机械排烟（会馆席位、舞台、沙龙会所）
其他：感应灯　火灾自动报警设备　应急照明

从2层包厢看舞台方向

左：休息室前的走廊视角。左侧往里为管理运营办公室，右侧往里为休息室/右：5号摄影棚内的回廊视角

绿洲芝浦（2014年竣工）

所在地： 东京都港区芝浦2-15-6

主要用途： MJ大楼·nexus：事务所

高级住宅：租赁集中住宅

规模

用地面积：MJ大楼：2867.03 m²

nexus：558.91 m²

高级住宅：1233.13 m²

建筑面积：MJ大楼：13 060.08 m²

nexus：2182.11 m²

高级住宅：6155.46 m²

使用面积：MJ大楼：地上7层 屋顶2层

nexus：地上6层

高级住宅：地上14层

智能社区设备

电力设备

受电方式：3φ3W 6.6 kV 50 Hz 变电站2
回线受电（主线·预备电源）（配置在
MJ大楼，向nexus和高级住宅配电）

气体废热发电设备：25 kW×4台（中压城市
天然气）（配置在MJ大楼，向nexus
和高级住宅配电）

预备电源：400 kVA 低压柴油发电机（可持续
供电7小时·6000t·MJ大楼）

500 kVA×1台（租赁空间·9000t）

空调设备

外气处理：干燥剂外气处理空调机（将发电机
的废热再利用作为热源）（MJ大楼）

空调方式：利用成套空气冷热交换机的独立分
散方式（MJ大楼·nexus）

卫生设备

热水：电热水器（MJ大楼·nexus）天然气
热水器（一部分利用发电机废热进行加
热供水）

供水：重力式（一部分为加压供水方式）
（MJ大楼）增压供水方式（nexus）
并用高架水槽（高级住宅）

排水：重力排水 污水、杂用水合流式 紧急
用排水槽（MJ大楼）

其他

中央监控设备：CEMS（三栋楼的管理·浸
水对策部门设在MJ大楼2层）

地区防灾设施（大楼入口紧急避难处·紧急避
难平台屋顶·港区防灾仓库·下水道厕
所）

中部大学 春日井校区（2014年竣工）

所在地： 爱知县春日井市松本町1200

主要用途： 大学

规模

用地面积：约360 000 m²

使用面积：约190 000 m²

智能社区设备

电力设备

电力设备：3φ3W 6.6 kV 60 Hz 2回线
受电（东区·西区）

燃气废热利用发电设备：25 kW×2台（53号
馆）35 kW×1台（体育文化中
心）合计85 kW

太阳能发电设备：10 kW（6号馆）

10 kW（11号馆）

20 kW（14号馆）

23 kW（15号馆）

10 kW（17号馆）

5.5 kW（19号馆）

10 kW（21号馆）

17 kW（26号馆）

22 kW（55号馆）

80 kW（体育文化中心）

总计207.5 kW

蓄电池设备：铅蓄电池 144 kWh 输出20 kW
（55号馆） 锂电池90 kWh 输出30 kW

（体育文化中心）

空调设备

空调方式：利用成套空气冷热交换机的独立分
散方式

卫生设备

热水：锅炉方式（体育文化中心） 电热水
器 天然气热水器

供水：重力式（一部分为加压供水）为主 利
用家庭用水和井水

排水：重力排水 污水、杂用水合流式
净化槽方式

其他

中央监控设备：智能电网系统（智能BEMS、
能源预测系统、节电航海系统）智能电
网观测器（51号馆、30号馆、7号馆）

升降机： 乘用电梯 22人×1台 15人×2台

特殊设备： 舞台设施 舞台音响 舞台照明

工期

设计期间：2011年11月～2013年3月

施工期间：2013年6月～2014年11月

工程费用

建筑（包括空调·卫生）：2 910 000 000日元
（税前）

电力：302 000 000日元（税前）

舞台特殊设备：439 000 000日元（税前）

总工费：3 651 000 000日元（税前）

外部装饰

外墙：大日技研工业

开口部位： YKK AP 三和Shutter

内部装饰

会馆

地板：昭和洋樽 TOLI

墙壁：大日技研工业

顶棚：东京福幸株式会社

沙龙会馆

地板：昭和洋樽

回廊

地板：昭和洋樽

墙壁：大日技研工业

顶棚：SK KAKEN

1号摄影棚

地板：昭和机工 TOLI

顶棚：吉野石膏

利用向导

开馆时间：9:00～22:00（咨询窗口：9:00～
17:00）

闭馆日：星期三

电话：0824-62-2222

青木淳（AOKI·JUN）

1956年出生于神奈川县/
1980年毕业于东京大学工
学院建筑专业/1982年取得
东京大学硕士学位/1983年～
1990年间就职于矶崎新工
作室/1991年成立青木淳建筑设计事务所

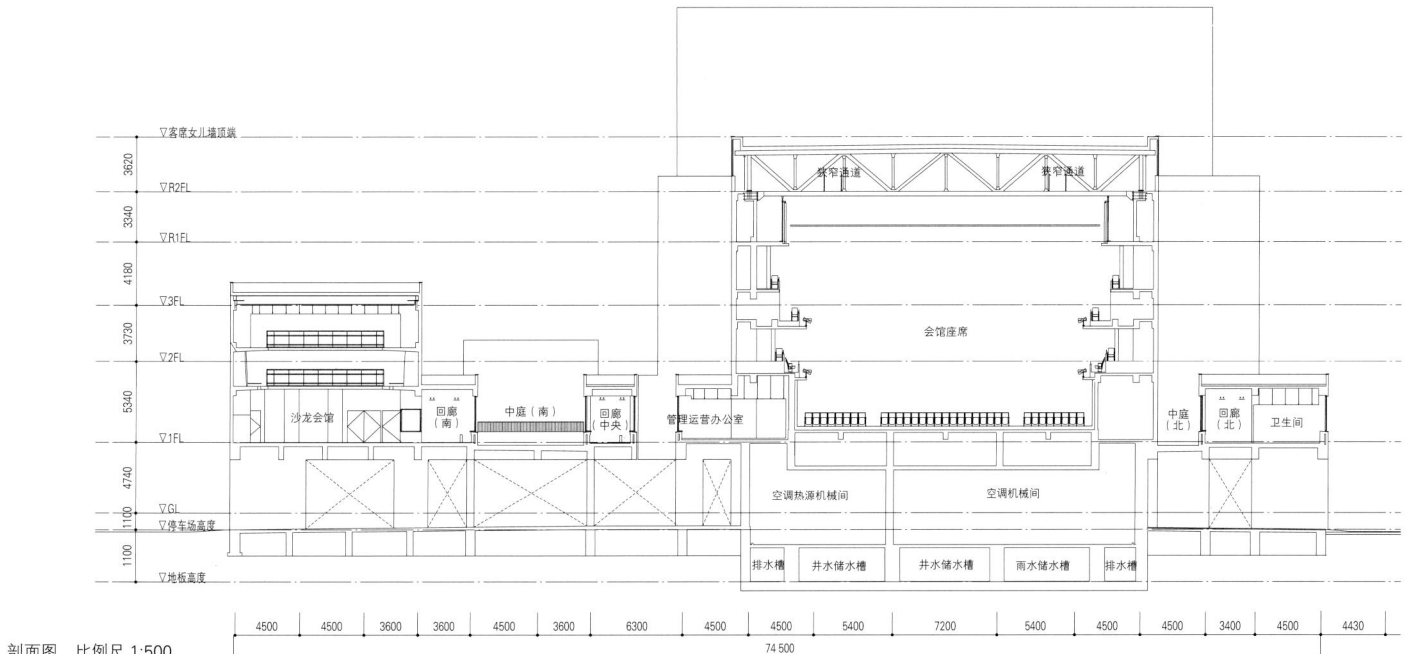

剖面图 比例尺 1:500

静冈县草薙综合运动场体育馆（项目详见第88页）

（项目详见第88页）

● 向导图登录新建筑在线
http://bit.ly/sk1505_map

所在地：静冈县静冈市骏河区栗原19-1
主要用途：观赛场
委托方：静冈县
运营商：静冈县体育协会
设计
建筑：内藤广建筑设计事务所
　负责人：内藤广　神林哲也　福原信一
　桥本尚树　清野孝子*　（*原职员）
结构：KAP
　负责人：冈村仁　桐野康则　梅原智洋
　杉本将基*　（*原职员）佐藤孝浩
　（樱设计集团）
　结构设计指导：腰原干雄（东京大学生产技术研究所）
设备：森村设计
　负责人：相川道男　近藤基　前山薰
音响：唐泽诚建筑音响设计事务所
　负责人：唐泽诚　镰仓贵志
防灾：明野设备研究所
　负责人：土屋伸一　北堀纯
监管
建筑：内藤广建筑设计事务所
　负责人：内藤广　神林哲也　福原信一
　桥本尚树
结构：KAP
　负责人：冈村仁　桐野康则　梅原智洋
　佐藤孝浩（樱设计集团）
设备：森村设计
　负责人：相川道男　前山薰
音响：唐泽诚建筑音响设计事务所
　负责人：唐泽诚　镰仓贵志
施工
建筑：鹿岛、木内、铃与特定建设工程共同合作

负责人：箕浦达也　佐佐木和宏　饭冢
宏忠　矢作贵　下山昭平　本田淳志
山下能弘　近藤真一　中村雄太
机械：大成温调·大和工机特定建筑工程合资企业
　负责人：佛石真二　内田元久　平野正彦
电力：SANWA COMSYS Engineering Corporation
　负责人：田村利明　佐津川雄太　西良太
外观：木内建设
　负责人：杉山芳久　大原真　井上忠

规模
用地面积：205 812.61 m²
建筑面积：9701.44 m²
使用面积：13 509.33 m²
地下1层：749.06 m²
1层 8783.96 m²/2层：3976.32 m²
建蔽率：18.4%（容许值：52.08%）
容积率：28.06%（容许值：110.4%）
层数：地下1层　地上2层
尺寸
最高高度：28 000 mm
屋檐高度：7900 mm
楼梯高度：1层：4750 mm
顶棚高度：主场　19 000 mm
主要跨度：103 000 mm×76 000 mm
用地条件
地域地区：市区化区域　日本《建筑基准法》
第22条指定区域　第2类高度地区
道路宽度：东9 m　西20 m　南7 m　北15 m
结构
主体结构：主场部分：钢筋混凝土+木+钢架
部分为预制混凝土结构　抗震结构　副场部分：钢筋混凝土+钢架
桩·基础：钢管桩
设备
环境保护技术
静冈县建筑物环境保护制度（CASBEE 静冈）：优秀-A等级（建筑物环境效率

值BEE=1.5）
全年负荷系数PAL：465.8MJ/m²·年
空调设备
空调方式：大空间范围内采用空调处理机组局部为电动空调机
热源：直燃吸收式冷温水机　空气热源泵系统电动空调机
卫生设备
供水：饮用水、杂用水双系统供水　加压供水泵方式
热水：燃气热水器循环方式
排水：污水、雨水分流方式
电力设备
供电方式：高压供电（通过综合运动场内的供电设备）
额定电力：1480 kW
预备电源：柴油发电机150 kVA
防灾设备
防火：室内消防栓　自动洒水灭火装置
排烟：自然排烟
其他：避难设备
升降机：乘用电梯×1台
工期
设计期间：2011年3月~2012年7月
施工期间：2012年12月~2015年3月
工程费用
建筑：4 450 000 000日元
空调·卫生：870 000 000日元
电力：400 000 000日元
总工费：5 720 000 000日元
外部装饰
屋顶：新星商事
开口部位：LIXIL
外观：太平洋预制混凝土工业
内部装饰
副场
顶棚：北三
1·2层通道

地板：Nichiman-Rubbertech
利用向导
开馆时间：8:30~21:00
电话：054-261-9265（静冈县草薙综合运动场管理事务所）

副场视角

内藤广（NAITO·HIROSHI）
1950年出生于神奈川县/1974年毕业于早稻田大学理工学院建筑系/1976年取得早稻田大学（吉阪隆正研究室）硕士学位/1976年~1978年间就职于Fernando Higueras建筑设计事务所/1979年~1981年间就职于菊竹清训建筑设计事务所/1981年成立内藤广建筑设计事务所/2001年~2002年间任东京大学研究生院工学系研究科社会基础工学副教授/2003年~2011年间任东京大学研究生院教授/2010年~2011年间任东京大学副校长/2011年任东京大学名誉教授

等等力陆上体育场主看台（项目详见第98页）

（项目详见第98页）

● 向导图登录新建筑在线
http://bit.ly/sk1505_map

所在地：神奈川县川崎市中原区等等力1
主要用途：观赛场
所有人：川崎市
设计
建筑：日本设计·大成建设一级建筑师事务所共同合作
　统括：三井雅贵（日本设计）
　负责人：岩村雅人　吉田秀树（以上均属日本设计）
　川野久雄　高桥广直　宫本昌和　真锅修　田彻也（以上均属大成建设）
结构：大成建设
　负责人：岛村高平　小野森司　坂口裕美　川村学　花里纱知穗
设备：大成建设
　负责人：小林彻也
监管：大成建设
　负责人：杉冈英幸　桥本裕行　冈多闻
　冢田正记　菊地宪一　阿比留辉弥　中田义治　秋野阳一郎　岩内正巳
　和田茂男（以上均属大成建设）
广告设计合作：高木阳子DESIGN
　负责人：高木阳子
施工
建筑：大成、飞鸟、小川、沼田、日本设计共同合作
　负责人：原岛功明　长井淳一　大浦章伸　熊泽智一　梅泽光

空调：高砂热学工业
卫生：大成设备
电力：Kinden Corporation
规模
用地面积：70 110.52 m²
建筑面积：10 154.02 m²
使用面积：21 853.86 m²
1层 6117.65 m²/2层：3647.70 m²
3层 6473.31 m²/4层：3516.91 m²
5层 850.42 m²/6层：1187.87 m²
建蔽率：30.64%（容许值：60%）
容积率：60.97%（容许值：200%）
层数：地上6层
尺寸
最高高度：29 697 mm
房檐高度：29 297 mm
楼梯高度：1层：5280 mm /2层：4200 mm
　　　　 3层：9590 mm/4层：3680 mm
　　　　 5层：3205 mm/6层：4665 mm
顶棚高度：室内练习场地：4100 mm
更衣室：2700 mm　记者招待室：3000 mm　实况播放室：2400 mm　天
交阳台：2400 mm（部分为2600 mm）
主要跨度：9640 mm
用地条件
地域地区：第一种中高层居住专用地区　第二种高度地区　等等力绿化带　多摩川风景区
道路宽度：12 m
停车辆数：13辆（建筑内）　156辆（用地

结构
主体结构：钢筋混凝土结构　部分为钢架结构　预制混凝土结构
桩·基础：原有混凝土桩
设备
环境保护技术
LED体育场照明　太阳能发电设备150 kW
雨水利用　地热利用冷暖气设备　高性能BEMS（建筑能源管理系统）设备
空调设备
空调方式：气冷热泵包装方式
热源：电力
卫生设备
供水：加压供水方式
热水：独立热水器方式（燃气瞬间热水器及热水储存电热水器）
排水：室内：合流式　室外：分流式
电力设备
供电方式：高压1回线供电方式
设备容量：约2000 kVA
额定电力：1500 kVA
预备电源：1000 kVA（应急发电机）
防灾设备
防火：自动洒水灭火装置　室内消防栓　移动式干式化学消防设备　灭火器
排烟：自然排烟　机械排烟
其他：火灾自动报警设备　应急照明　感应灯　应急警报设备　消防输水管　连接输水管设备
升降机：乘用电梯（15人·90m/min）×1台
乘用电梯（15人·105m/min）×1台

乘用电梯（13人·105m/min）×2台
人货两用电梯（22人·60m/min）×1台
特殊设备：LED体育场照明设备　大型影像装置
工期
设计时间：2012年10月~2013年9月
施工时间：2013年10月~2015年3月
外部装饰
屋顶：元旦BEAUTY　JFE钢板　DYFLEX　特殊技研金属　INZX　东京机工　日本设计
外墙：旭物产　月星商事　大同涂料　大日精化
开口部位：旭物产
扶手：INZX　东京机工　日本设计
檐内：HAND TECHNO
外观：太平洋预制混凝土工业　ABC商会
内部装饰
1层入口
地板：MCF JAPAN
墙壁：日本PAINT
顶棚：日本PAINT
室内练习场地
顶棚：CHIYODA UTE　长谷川体育设施
更衣室
地板：Nichiman-Rubbertech
墙壁：日本PAINT
顶棚：吉野石膏
特别标记：AICA
记者招待室
地板：TOLI
墙壁：日本PAINT

仲町露台 小平市立仲町公民馆・仲町图书馆（项目详见第108页）

●向导图登录新建筑在线
http://bit.ly/sk1505_map

所在地：东京都小平市仲町145
主要用途：图书馆　公民馆
所有人：小平市

设计
建筑・监管　妹岛和世建筑设计事务所
　　负责人：妹岛和世　山本力矢　松泽一
　　　　应　佐竹知子
结构：佐佐木睦朗结构设计研究所
　　负责人：佐佐木睦朗　木村俊明　犬饲
　　　　基史
设备：森村设计
　　负责人：关口正浩　水谷贵俊

施工
建筑：大成建设东京分店
　　负责人：种元贤弘　山内健太　广濑亮
　　　　大　锹本孔辉　长谷川直树
设备：大成建设东京分店
　　负责人：川濑佳史

规模
用地面积：993.77 m²
建筑面积：361.94 m²
使用面积：1453.27 m²
地下1层：597.84 m²/1层：349.53 m²
　　2层：283.61 m²/3层：221.91 m²
建蔽率：36.42%（容许值：62%）
容积率：143.86%（容许值：153%）
层数：地下1层　地上3层

尺寸
最高高度：10 650 mm
房檐高度：10 230 mm
楼梯高度：1层：3600 mm
顶棚高度：1层：3300 mm

用地条件
地域地区：第二种中高层居住专用地区　第一
　　　种低层居住专用地区

第二种风景区
道路宽度：东4 m　南12 m
停车辆数：9辆

结构
主体结构：钢筋结构　部分为钢筋混凝土结构
桩・基础：阀式地基

设备
空调设备
空调方式：燃气热泵空调（多联机空调系统型
　　　　燃气热泵）
卫生设备
供水　饮用水：自来水管道直压直接供水方式
　　　杂用水：加压供水泵方式（雨水利用）
热水：独立热水器方式（电热水器）
排水：分流式
电力设备
供电方式：3w3φ 6600V1回线供电
预备电源：125 kVA
防灾设备
火灾自动报警设备　应急播放　应急照明　感
　　应灯
防火：室内消防栓
排烟：自然排烟
升降机：无机房电梯（750 kg　定员11人・
　　45 m/min）×1台

工期
设计时间：2010年10月～2012年2月
施工时间：2012年12月～2014年10月

内部装饰
1层
地板：C-Gate

利用向导
仲町公民馆
开馆时间：9:00 ～ 21:30
闭馆日：每月第三个星期四
　　年末年初（12月28日～1月4日）
仲町图书馆
开馆时间：9:00 ～ 17:00（试营业期）

星期二・星期三：9:00～20:00（试营
业期）
闭馆日：星期五（节假日闭馆）
年末年初（12月28日～1月4日）
资料整理日（每月第三个星期四）
特别整顿期间
电话：042-344-7151

妹岛和世（SEJIMA・KAZUYO）
1956年出生于茨城县/1979年毕业于日本女子大学家政学院居住专业/1981年取得日本女子大学硕士学位/1981年就职于伊东丰雄建筑设计事务所/1987年成立妹岛和世建筑设计事务所/1995年与西泽立卫共同成立SANAA事务所

图为钢架搭建场景。钢筋柱从多种角度搭建，形成笼子形状的外围框架，加上互相连接的钢筋混凝土地板，使得大小各异的多个立体几何空间呈现出相互依偎的景象。外围框架部分设置拉杆，按使用方法分为拉伸型和压缩型两种，可保持抗震性能和开放性间的平衡

顶棚：吉野石膏
实况播放室
地板：TOLI
墙壁：日东纺
顶棚：吉野石膏
天空阳台
地板：MCF JAPAN
墙壁：日本PAINT
顶棚：CHIYODA UTE　日本PAINT
下层看台
地板：DYFLEX
观众席：HOSOO
上层看台
观众席：HOSOO
通道
地板：ABC商会
墙壁：ABC商会
顶棚：日本PAINT
主要使用器械
照明：Toshiba Lighting & Technology
　　Corporation
卫生器具：TOTO
利用向导
开馆时间：9:00～17:00
休息日：星期一（节假日则顺延至下一天）
电话：044-722-7722
　　（等等力绿化带管理事务所）

三井雅贵（MISTUI・MASAKI）
1960年出生于爱知县/1987年取得丰桥技术科学大学硕士学位/1988年就职于日本设计/现任运营主管、第1建筑设计组组长

岩村雅人（IWAMURA・MASATO）
1967年出生于滋贺县/1992年毕业于京都大学工学院建筑系，后就职于松田平田设计公司/2010年就职于日本设计/现任项目管理部门副部长、三维数字化解决方案科室室长

川野久雄（KAWANO・HISAO）
1964年出生于兵库县/1991年取得神奈川大学研究生院建筑系硕士学位，后就职于大成建设/现设计总部建筑设计第二部设计室长

吉田秀树（YOSHIDA・HIDEKI）
1984年出生于长野县/2009年取得早稻田大学创造理工学研究学科硕士学位，后就职于日本设计/现属建筑设计团队

岛村高平（SIMAMURA・KOHEI）
1968年出生于东京都/1990年毕业于日本大学理工学院，后于就职大成建设/现任设计总部构造设计第二部部长

2层客用卫生间平面图　比例尺1:500
走下3层通道的楼梯，可进入客用卫生间区域。
入口和出口分开设计，实现单向通行

现场制作预制混凝土。制作约20 m、没有焊接口的支柱

AOI Medical Academy （项目详见第118页）

● 向导图登录新建筑在线
http://bit.ly/sk1505_map

所在地：埼玉县深谷市西岛町3-14-4,12
主要用途：专科学校
所有人：学校法人 葵学园
设计

设计·监理：FUJIWARA TEPPEI ARCHITECTS
　　LABO
　　负责人：藤原彻平 大和田荣一郎
　　小金丸信光 冈真由美*（*原所员）

结构：OINO JAPAN
　　负责人：大野博史 大川诚治
设备：森村设计 负责人：山村高广 石川丈彦
照明：冈安泉照明设计事务所
　　负责人：冈安泉 杉尾笃
标识：LABORATORIES 负责人：加藤贤策
施工
建筑：关东建设工业
　　负责人：大川原敏治 笹岛章和
设备：GUNNEI 负责人：伴广之
电力：MARUFUKU电力

　　负责人：井本俊之 松本共泰
家具：28Workers 负责人：中里英司
　　E&F Design 负责人：池田信雄
幕墙：LiHaSu 负责人：横山裕一
地板材质：Forbo Flooring 负责人：冈田多
　　枝子
水落管：Tanita Housing 负责人：比企久雄
标识：昭和工艺 负责人：丰岛浩二

规模
用地面积：490.58 m²
建筑面积：383.53 m²
使用面积：1906.74 m²
　　（施工地板面积：2553.56 m²）
1层：362.40 m²/2层：294.78 m²
3层：315.57 m²/4层：299.26 m²
5层：299.26 m²/6层：315.57 m²
PH层：19.90 m²
建蔽率：78.17%（容许值80%）
容积率：388.67%（容许值400%）
层数：地上6层

尺寸
最高高度：28 050 mm
房檐高度：27 950 mm
层高：4000 mm
顶棚高度：教室·实训室：2700 mm ~
　　3720 mm 走廊：2200 mm
主要跨度：11 100 mm × 2850 mm

用地条件
地域地区：商业地区 无污染工业区
道路宽度：东22 m 南8 m
结构
主体结构：钢结构
桩·基础：直接基础（改良柱状地基）
设备
空调设备
空调方式：空冷热泵空调方式
热源：电气
卫生设备
供水：自来水管道直接加压方式
热水：独立热水器方式
排水：公共下水管放流方式
电力设备
供电方式：高压电路输电方式
防灾设备
消防：自动火灾警报设备 消防器 室内消火栓
升降机：乘用电梯（11人乘）×1台
工期
设计期间：2012年12月 ~ 2014年3月
施工期间：2014年4月 ~ 2015年1月
工程费用
总工费：650 000 000日元
每坪单价：840 000日元（施工地板）

左：从开放式图书馆看向多功能厅/右：多功能厅

三次市农业交流合作平台 **三次市商品市场** （项目详见第124页）

● 向导图登录新建筑在线
http://bit.ly/sk1505_map

所在地：广岛县三次市东酒屋町438
主要用途：物品销售店铺
所有人：三次市
设计

建筑·监理：NAF ARCHITECT&DESIGN
　　崇城大学
　　负责人：中园哲也
结构：NAWAKENJI-M
　　负责人：名和研二 荒木康佑
设备：AI设计 负责人：甲斐千晴
照明：Tica.Tica 负责人：小田绫子
施工
建筑：YUNOKAWA 负责人：岛津康则
空调·卫生：AMANO 负责人：角滨训二
电力：三次电工 负责人：小川好幸

规模
用地面积：6328.63 m²
建筑面积：908.40 m²
使用面积：863.47 m²
1层：863.47 m²
建蔽率：14.35%（容许值：70%）
容积率：13.64%（容许值：400%）
层数：地上1层

尺寸
最高高度：6550 mm
房檐高度：5757 mm
顶棚高度：门斗·信息台（休息室）·农产品
　　等柜台（工商关系）：2940 mm ~
　　4310 mm
农产品等柜台：5667 mm ~ 6135 mm
餐厅：3285 mm ~ 4062 mm
柜台：3863 mm ~ 4225 mm
其他：2500 mm

用地条件
地域地区：城市规划区域内 日本《建筑基准
　　法》第22条指定区域
道路宽度：东13.3 m 北11.3 m
停车辆数：乘用车：73辆 大型车辆：2辆
　　摩托车：12辆
结构
主体结构：木结构（框架施工法）
桩·基础：布地基 一部分为独立地基
设备
空调设备
空调方式：空冷热泵空调方式
热源：空冷热泵机方式
卫生设备
供水：自来水管道直接供水方式
热水：燃气、电气供水方式
排水：直接排入下水管方式
电力设备
供电方式：开关柜（LBS）PF-S形方式
设备容量：Tr1 φ 6.6 kV 50 kVA
　　3 φ 6.6 kV 100 kVA
额定电力：105 kW
防灾设备
消防：消防器

其他：火灾报警设备 扩音设备
工期
设计期间：2013年12月 ~ 2014年6月
施工期间：2014年6月 ~ 2015年3月
工程费用
建筑：295 920 000日元
空调·卫生：40 046 400日元
电力：31 806 000日元
总工费：367 772 400日元
外部装饰
屋顶：主顶板：岛屋
　　其他：片山铁建
外墙：山内金属
开口部位：铝制窗框（YKK AP） 钢制窗框
　　（SANWA SHUTTER CORPORATION）
外部结构：SANYO宇部
内部装饰
信息台（休息室）·农产品等柜台（工商品关
　　系）·餐厅·面包房柜台
地板：WOODONE
面包房厨房·烹饪体验室
地板：Sangetsu Co., Ltd.
主要使用器械
卫生装置：TOTO

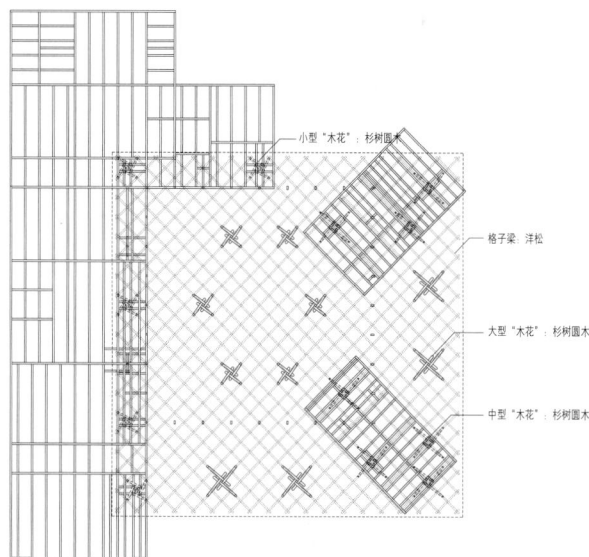

顶棚俯视图 比例尺1:500

　　　　　小型"木花"：杉树圆木

　　　　　格子梁：洋松

　　　　　大型"木花"：杉树圆木

　　　　　中型"木花"：杉树圆木

左："木花"的三次市产杉树圆木/右：东侧全景。在顶棚木质部位喷涂防火涂料

● 向导图登录新建筑在线
http://bit.ly/sk1505_map

所在地：长野县木曽郡木祖村薮原1019-1
主要用途：地方交流设施　助残面包房　公共
　　　　　厕所
所有人：木祖村

设计

建筑：信州大学寺内美纪子研究室
　　负责人：寺内美纪子　南勇次　高桥拓
　　生　野原麻由　京谷奈津希
　　山田建筑设计室　负责人：山田健一郎
　结构：金箱结构设计事务所
　　负责人：金箱温春　辻拓也
　设备：设计工房FLEX　负责人：畑中淳
　监理：信州大学寺内美纪子研究室
　　负责人：寺内美纪子
　　山田建筑设计室　负责人：山田健一郎
　　MOKA建筑设计　负责人：奥矢惠

施工

建筑：木曽土建
　　负责人：田中克彦　深泽一路
　空调·卫生：松田·南信　伊久留孝志
　电力：岩原电气工程　岩原清刚

规模

用地面积：1070.82 m²
建筑面积：405.88 m²
使用面积：439.35 m²
1层：405.88 m²/2层：33.47 m²
建蔽率：37.90%（容许值：无）
容积率：41.02%（容许值：无）
层数：地上2层

尺寸

最高高度：7002 mm
房檐高度：2933 mm（东街道侧）　2474 mm
　　　　（西侧）
层高：开水室：2724 mm
顶棚高度：聚集区①：2800 mm～5430 mm
主要跨度：1820 mm×6000 mm

用地条件

地域地区：城市计划区域外
道路宽度：东4.9 m　西2.2 m
停车辆数：5辆

结构

主体结构：木结构
桩·基础：布地基

设备

空调设备
空调方式：整体式空调器
热源：水源热泵
卫生设备
供水：自来水管道直接连接方式
热水：电气温水器
排水：公共下水管放流方式
电力设备
供电方式：低压方式
额定电力：49 kVA

工期

设计期间：2013年6月～2014年3月
施工期间：2014年5月～2014年11月

工程费用

建筑：100 000 000日元
空调：10 000 000日元
卫生：13 000 000日元
电力：4 000 000日元
总工费：127 000 000日元

外部装饰

屋顶：Tanita housing ware
外墙：木曽木材工业协同组合　薮原制材所
开口部位：山崎屋木工制作所

内部装饰

玄关大厅　聚集区①
地板：藤森铁平石
墙壁：大谷涂料

聚集区②
墙壁：大谷涂料
开水室
地板：藤森铁平石
墙壁：美浓烧TAIRU商业协同组合
面包工房
墙壁：Sangetsu Co., Ltd.
事务室　走廊
地板：Sangetsu Co., Ltd.
墙壁：大谷涂料

利用向导

营业时间：9:00～17:00
休息日：周二
门票：无
电话：0264-36-3020

藤原彻平（FUJIWARA·TEPEI）

1975年出生于神奈川县/
1998年取得横滨国立大学
大学院硕士学位/2001年～
2012年就职于限研吾建筑
都市设计事务所/2009年担
任FUJIWARA TEPEI ARCHITECTS LABO代
表/2010年担任NPO法人DRIFTERS
INTERNATIONAL董事/2012年至今任横滨国
立大学大学院Y-GSA副教授

空调装置：DAIKIN
照明器具：远藤照明：松下
特订照明：Tica.Tica + sasimonokagu-
takahashi
利用向导
营业时间：9:00～17:00
休息日：每月的第二个周三，12月30日～1月
4日
电话：0824-65-6311

中圆哲也（NAKAZONO·TETSUYA）

1972年出生于宫崎县/1995
年毕业于广岛大学工学学校
第四类（建设系）/1997年
获得广岛大学工学研究科环
境工学硕士学位/2001年设
立一级建筑师事务所NAF ARCHITECT &
DESIGN (有限公司)/2012年至今任崇城大学
（旧熊本工业大学）副教授

名和研二（NAWA·KENJI）

1970年出生于长野县/1994年
毕业于东京理科大学理工学
院建筑专业/1998年～2002年
就职于EDH远藤设计室/1999
年～2002年就职于池田昌弘
建筑研究所/2002年设立NAWAKENJI-M
（SUWA制作所）

寺内美纪子（TERAUCHI·MIKIKO）

1966年出生于香川县/1989
年毕业于九州大学工学院建
筑学专业/1992年取得东京工
业大学研究生院硕士学位/
1992年～1994年攻读东京
工业大学大学院博士课程/1994年～2001年
担任东京工业大学大学技术助手与助教/2001
年就职于Atelier Bow-Wow工作室/2003年
成立寺内美纪子建筑设计事务所/2005年担任
茨城大学助理教授/现任信州大学副教授

上：从2层俯视聚集区①
下：从聚集区①看向玄关大厅视角

君田天空之庭 OGINAU　　驿站森林君田停车场公厕建筑（项目详见第140页）

● 向导图登录新建筑在线
http://bit.ly/sk1505_map

所在地：广岛县三次市君田町泉吉田311-3
主要用途：公共厕所
所有人：广岛县
设计
基本设计·监修　穴吹设计专科学校　TEAM OGINAU
　负责人：森下友也　清水均　锦织沙希
　波志悠平　增井和哉　右田拳斗
监修·监督：西尾通哲建筑研究室
　负责人：西尾通哲
实施设计：山谷建筑设计事务所
　负责人：松永多惠子
　结构：山谷建筑设计事务所
　　负责人：仓田洋二
　设备：设备计划
　　负责人：呼坂政明
　监理：广岛县土木局营缮科
　　建筑工程负责人：宫地正人　的场弘明
　　兼原浩树　坪乡一也　山田晃　冲洋平

设备工程负责人：落合嘉弘　川口浩二
　高野慎太郎　富田洁　三吉健太
施工
建筑：加藤组
　负责人：吉田充
空调·卫生·电力：藤川工业
　空调负责人：田中宏幸
　卫生负责人：藤川雄一郎
　电气负责人：田中宏幸
规模
建筑面积：176.33 m²（其中原有64.37 m²）
使用面积：176.33 m²（其中原有56.93 m²）
1层：176.33 m²
层数：地上1层
尺寸
最高高度：5650 mm
房檐高度：4930 mm
顶棚高度：新建厕所：垂直高度约2250 mm
主要跨度：900 mm×2700 mm
用地条件
地域地区：城市计划区域外
停车辆数：50辆（用地内驿站停车场）

结构
主体结构：原有：下部钢筋混凝土结构　上部
　　木结构　扩建：木结构
桩·基础：钢筋混凝土结构
设备
空调设备
空调方式：自然换气＋负压式换气扇（臭气）
卫生
供水：市自来水管道直接供水方式
热水：多功能厕所的储水式热水器
排水：合并处理净化槽方式
电力设备
供电方式：驿站供电
设备容量：1φ3W　8.2 kVA
工期
设计期间：2013年12月～2014年3月
施工期间：2014年8月～2015年3月
工程费用
建筑：43 333 000日元
空调·卫生：25 021 000日元
电力：3 646 000日元
总工费：72 000 000日元

外部装饰
屋顶：日本板硝子
内部装饰
通道
地板：谷口制陶所
多功能厕所
地板：LIXIL
顶棚：日本板硝子
女·男厕所
地板：LIXIL
雨棚
地板：谷口制陶所
顶棚：Nippon Paint Co., Ltd.
主要使用者器械
卫生装置：TOTO
利用向导
营业时间：24小时营业
电话：0824-53-7021（驿站森林君田）

Miu Miu 青山店（项目详见第148页）

● 向导图登录新建筑在线
http://bit.ly/sk1505_map

所在地：东京都港区南青山3-17-8
主要用途：店铺
所有人：Prada Japan
设计
设计顾问：Pierre de Meuron
　负责人：Jacques Herzog　Pierre de Meuron
　Stefan Marbach　Iva Smrke Kröger
　Yuko Himeno
　Caetano Braga da Costa de Bragança
　Osma Erik Lindroos　Roman Aebi
　Cristina Génova　Carlotta Giorgetti
　Yuki Hamura Ryuhei Ichikura
　Christina Liao　Áron Lorincz
　Keisuke Ota　Günter Schwob
　Mariana Vilela　Tiffany Wey
实施设计·监理：竹中工务店
　建筑负责人：桑原裕彰　梅原丰　花冈郁哉
　结构负责人：星野正宏　米田总
　设备负责人：铃木尚昭　小池正浩
　监理负责人：室屋哲也　永岛亮太郎
　池田次寿　住吉力
结构顾问（基本设计）：
　Schnetzer Puskas Ingenieure
照明顾问：SIRIUS LIGHTING OFFICE
　负责人：户恒浩人　村川和隆　梅崎明花
幕墙工程（基本设计）：
　Emmer Pfenninger Partner

景观：Vogt Landschaftsarchitekten
施工
竹中工务店
　建筑负责人：浅井信雄　宫田清
　大野道夫　合田直弥　高木正弘
　安原胜利
　设备负责人：田中真　笹木佑太
空调·卫生：高砂热学工业
电力：KINDEN
规模
用地面积：384 m²
建筑面积：268 m²
使用面积：720 m²
地下1层：292 m²/1层：244 m²/2层：184 m²
建蔽率：69.99%（容许值：70.00%）
容积率：187.39%（容许值：300.00%）
层数：地下1层　地上2层
尺寸
最高高度：9930 mm
房檐高度：9540 mm
楼层高度：1层：3860 mm　2层：5740 mm
顶棚高度：1层：3090 mm　2层：4475 mm
主要跨度：1720 mm×10 530 mm
用地条件
地域地区：第2类居住地区　一部分为第2类
　中高层住宅专用地区　防火地区　第3
　类高度地区
道路宽度：东4.5 m　南14.5 m
结构
主体结构：钢结构

桩·基础：直接地基（改良浅层混合地基）
设备
空调设备
空调方式：空冷热泵空调方式（各层·各个区
　域）
卫生设备
供水：自来水管直接供水方式
热水：独立热水器方式（电气温水器）
排水：合流制污水、杂排水系统　雨水分流方
　式
电力设备
供电方式：高压1回线供电方式
设备容量：200 kVA
额定电力：实量制
防灾设备
消防：消防器
排烟：自然排烟
其他：自动火灾警报设备（P型）·一般广播
　设备·ITV
升降机：乘用电梯（11人·60 m/min）×1台
工期
设计期间：2012年10月～2014年1月
施工期间：2014年1月～2015年2月
利用向导
营业时间：周一～周四　11:00～20:00
周五·周六·周日·节假日　11:00～21:00
电话：03-5778-0511
http://www.miumiu.com/

Jacques Herzog（JAKU·HERUTSUO-KU）
1950年出生于瑞士/1970年～1975年就读于苏黎世工科大学（ETHZ）/1978年与Pierre de Meuron设立Herzog & de Meuron/1983年就职于康乃尔大学，担任客座讲师/1989年～1994年就职于哈佛大学，担任客座教授/1999年至今就职于苏黎世工科大学（ETHZ），担任教授/2002年与他人共同成立ETH Studio Basel

Pierre de Meuron（PIE-RU·DO·MU-RON）
1950年出生于瑞士/1970年～1975年就读于苏黎世工科大学（ETHZ）/1978年与Jacques Herzog设立Herzog & de Meuron/1989年～1994年就职于哈佛大学，担任客座教授/1999年至今就职于苏黎世工科大学（ETHZ），担任教授

Stefan Marbach（SUTEFUAN·MA-BAHA）
1970年出生于瑞士/制图工实习后，1991年～1993年就职于Herzog & de Meuron公司/曾在专科学校与瑞典王立大学攻读建筑专业，1997年重新就职于Herzog & de Meuron/2006年成为该公司合伙人/2009年至今为该公司主要合伙人

锦织沙希（NISHIKORI·SAKI／左数第一人）

1990年出生于岛根县／2013年毕业于高知大学教育学院生涯教育专业／2015年毕业于穴吹设计专科学校室内设计专业／现就职于IMU建筑设计事务所

森下友也（MORISHITA·TOMOYA／左数第二人）

1990年出生于广岛县／2014年毕业于广岛工业大学建筑工学专业／2015年毕业于穴吹设计专科学校室内设计专业／现就职于EKO设计工作室

右田拳斗（MIGITA·KENNTO／左数第三人）

1994年出生于广岛县／2015年毕业于穴吹设计专科学校室内设计专业／现就职于NYPLAN

波志悠平（HASI·YUUHEI／左数第四人）

1994年出生于广岛县／2015年毕业于穴吹设计专科学校室内设计专业

增井和哉（MASUI·KAZUYA／左数第五人）

1994年出生于广岛县／2015年毕业于穴吹设计专科学校室内设计专业／现就职于CAPD

清水均（SHIMIZU·HITOSHI／左数第六人）

1991年出生于兵库县／2014年毕业于广岛修道大学商学院经营专业／2015年毕业于穴吹设计专科学校室内设计专业／现就职于Tecseed公司

西尾通哲（NISHIO·MICHIAKI）

1969年出生于广岛县／1992年毕业于广岛工业大学工学院建筑专业／1994年修完广岛大学研究生院工学研究科环境工学专业博士前期课程／1995年～1997年就职于小川晋一都市建筑设计事务所／1997年取得广岛大学大学院工学研究科环境工学专业博士课程后期学分后退学／现任穴吹设计专科学校专职讲师，担任240design·西尾通哲建筑研究室代表

小野田泰明（ONODA·YASUAKI）

1963年出生于石川县／1985年就职于HP Design·New York／1986年毕业于东北大学工学系建筑专业／1986年～1988年就职于东北大学校内计划室／1998年～1999年担任UCLA客座研究员／现任东北大学研究生院都市·建筑学专业教授，兼任灾害科学国际研究所教授

桂英昭（KATSURA·HIDEAKI）

1952年出生于福冈县／1977系部建筑专业／1979年取得熊本大学研究生院硕士学系／1980年留学于佛罗里达大学研究生院／1981年就职于熊本大学工学系，担任助教／1988年就职于八代工业高等专科学校，担任副教授／1991年就职于熊本大学工学系，担任讲师／现就职于熊本大学研究生院自然科学研究科，担任副教授

根本祐二（NEMOTO·YUUJI）

1954年出生于鹿儿岛县／1978年毕业于东京大学经济学系，后就职于日本开发银行（现"日本政策投资银行"）／就任日本开发银行地域策划部长后，2006年就任东洋大学经济学部教授／现任研究生院经济学研究专业公民联合部长，兼任PPP研究中心部长

高野之夫（TAKANO·YUKIO）

1937年出生于东京都丰岛区／1960年毕业立教大学经济学系，毕业后经营旧书店／1983年～1999年担任丰岛区议会议员／1999年至今担任丰岛区区长

日置滋（HIOKI·SHIGERU）

1950年出生于东京都／1973年毕业于东京工业大学建筑专业／1975年取得东京大学研究生院建筑学专业硕士学位／1975年就职于清水建设／1986年～1991年就职于清水America设计室／现任该公司顾问

青木淳（AOKI·JUN）

1956年出生于神奈川县／1980年毕业于东京大学工学系建筑专业／1982年取得东京大学研究生院硕士学位／1983年～1990年就职于矶崎新工作室／1991年成立青木淳建筑设计事务所

千鸟义典（CHIDORI·YOSHINORI）

1955年出生于东京都／1978年毕业于横滨国立大学工学系建筑专业／1980年攻读横滨国立大学研究生院工学研究专业／1980年就职于日本设计事务所（现"日本设计"）／2012年就任专务执行董事，国际代表／2013年至今任董事长

岸井隆幸（KISHII·TAKAYUKI）

1953年出生于兵库县／1975年毕业于东京大学工学系都市工学专业／1977年攻读东京大学研究生院都市工学专业硕士课程／1977年～1992年就职于建设省／1992年就职于日本大学理工学系土木工专业，担任讲师／1995年任副教授／1998年至今任教授

弥田彻（YADA·TOORU）

1985年出生于大分县／2008年设立403 architecture／2011年攻读筑波大学大学院贝岛研究室艺术专业，设立403architecture [dajiba]

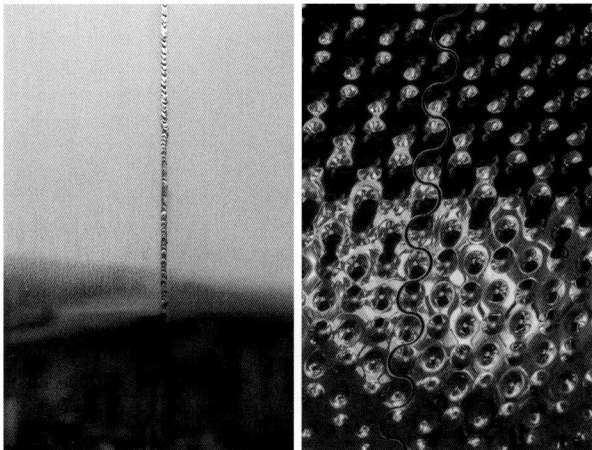

左：不锈钢外墙熔接部位／右：模压加工铜板通过波形削顶焊接在一起

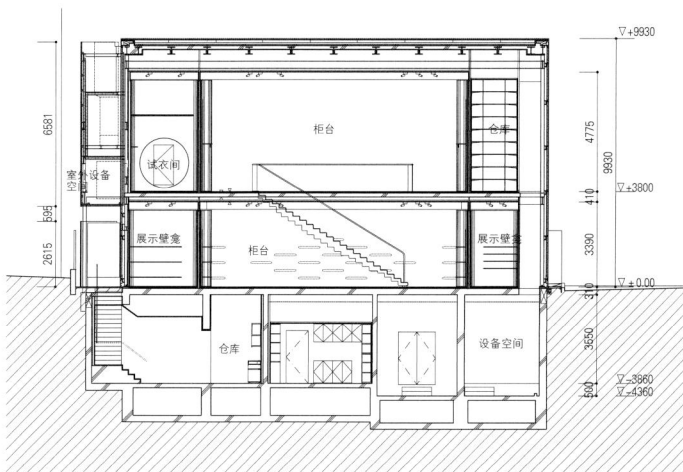

剖面图　比例尺 1:300

新建築
株式會社新建築社，東京
简体中文版© 2016大连理工大学出版社
著作合同登记06–2016年第145号

图书在版编目(CIP)数据

大型建筑与生态设计 / 日本株式会社新建筑社编;
肖辉等译. — 大连：大连理工大学出版社, 2016.10
　（日本新建筑系列丛书）
　ISBN 978-7-5685-0591-8

　Ⅰ.①大… Ⅱ.①日… ②肖… Ⅲ.①建筑设计—日
本—现代—图集 Ⅳ.①TU206

中国版本图书馆CIP数据核字（2016）第230435号

出版发行：大连理工大学出版社
　　　　　（地址：大连市软件园路80号　邮编：116023）
印　　　刷：深圳市福威智印刷有限公司
幅面尺寸：221mm×297mm
出版时间：2016年10月第1版
印刷时间：2016年10月第1次印刷
出 版 人：金英伟
统　　筹：苗慧珠
责任编辑：邱　丰
封面设计：洪　烘
责任校对：寇思雨　李　敏

ISBN 978-7-5685-0591-8
定　　价：人民币98.00元

电　　话：0411-84708842
传　　真：0411-84701466
　　　　　0411-84708943
　　　　ect_japan@dutp.cn
　　　　w.dutp.cn